KUWEI
**酷威文化**

图书　影视

RISE and SHINE

# 从倦怠到
# 闪耀

LEANNE SPENCER
[英]琳恩·斯宾塞 　/著

朱雪涵 　/译

北方文艺出版社
·哈尔滨·

黑版贸登字 08-2023-001号

原书名：**Rise and Shine**
© Leanne Spencer
This translation of *Rise and Shine* is published by arrangement with Rethink Press.
The simplified Chinese translation rights arranged through Rightol Media（本书中文简体版权经由锐拓传媒取得Email:copyright@rightol.com）

**图书在版编目（CIP）数据**

从倦怠到闪耀 / (英) 琳恩·斯宾塞著；朱雪涵译.
—— 哈尔滨：北方文艺出版社, 2023.3
ISBN 978-7-5317-5780-1

Ⅰ.①从… Ⅱ.①琳… ②朱… Ⅲ.①压抑(心理学)
– 通俗读物 Ⅳ.①B842.6-49

中国国家版本馆CIP数据核字（2023）第023151号

**从倦怠到闪耀**
CONG JUANDAI DAO SHANYAO

作　　者 / [英]琳恩·斯宾塞　　　　翻　　译 / 朱雪涵
责任编辑 / 富翔强　宋雪微　　　　　装帧设计 / 李在白

出版发行 / 北方文艺出版社　　　　　邮　　编 / 150008
发行电话 / (0451) 86825533　　　　经　　销 / 新华书店
地　　址 / 哈尔滨市南岗区宣庆小区 1 号楼　　网　　址 / www.bfwy.com

印　　刷 / 天津鑫旭阳印刷有限公司　　开　　本 / 880×1230　1/32
字　　数 / 138 千　　　　　　　　　　印　　张 / 7
版　　次 / 2023年3月第1版　　　　　印　　次 / 2023年3月第1次印刷

书　　号 / ISBN 978-7-5317-5780-1　　定　　价 / 42.00元

# 前 言

通过持续关注和思考我们的生活模式、习惯和环境，能够获取知识，了解过去，明白如何改变那些对我们不利的模式，让生活更加自由、充实。

——《瑜伽经》Ⅲ :18（*Yoga Sutra, III:18*）

你是否越来越难以平衡工作和生活？你是否已经待业在家，或由于压力、焦虑及抑郁等问题请了长期病假？可能你早就精疲力竭了，所以，如果这段文字引起了你的共鸣，那你最好现在就停下手中的事情并采取行动。

职场倦怠是伦敦金融城乃至整个商界都面临的主要问题。《健康与安全执行报告》（*Health and Safety Executive Report*）显示，从2013 年至 2014 年，共有 48.7 万起案例与工作带来的压力、焦虑和抑郁有关，由此带来的经济损失约为 1130 万英镑[1]。仅 2014 年一年，就增加了 24.4 万起与工作压力相关的案例。这已经不是经济损失的问题了。如果人们待业在家，他们就需要经济援助，那么医疗资源本就紧张的英国国家医疗服务体系又要承担巨额的医疗和咨询费用。

员工的工作时间越来越长，而且谁工作时间最长，贡献最大，就会获得奖金或津贴——这种伦敦金融城的职场文化迅速传播，已经达到不可控的地步。2010 年，阿里安娜·赫芬顿（Arianna Huffington）[2]在 TED 演讲中调侃职场人士的大男子主义行为，她嘲笑那些吹嘘自己一天只睡 4 个小时的人，以及那些认为早晨 8 点吃早餐会很迟的人。第一个到办公室和最后一个离开办公室的人都会承受很大压力。携带智能手机意味着时刻"在线"。我曾经有次在地中海度假，当我躺在船的甲板上时听到旁边的女士在与供货商商讨销售会议的细节。这样看来，我们现在越来越难以远离工作了。

管理者及其家庭因为职场倦怠会付出惨痛代价。职场倦怠导致的压力、焦虑和抑郁等情绪失控，会影响工作状态，甚至可能让人丢掉工作，人际关系受挫，从而陷入困境。由此带来的应激

---

1　1英镑≈8.1人民币（2022年7月汇率）。

2　《赫芬顿邮报》（*The Huffington Post*）创始人。

激素皮质醇飙升和肾上腺疲劳会严重影响中枢神经系统，致其无法抵御疾病。在这种情况下，人们患上预防性疾病的风险会变得更高。职场倦怠还会导致人食欲不振，身体吸收的营养减少。同时，为了工作，少运动或者不运动只会让状态变得更糟，更加乏力或不适。人们最终的选择只剩下辞职或请病假，在此之后几乎丧失自尊心、自信心和自我价值感，疲于寻求生命的意义和维系人际关系，导致浑身乏力，吃饭很少，过度依赖酒精、咖啡和香烟，沉溺于电子设备、社交媒体和邮件，引起多巴胺成瘾。那么，接下来该怎么办呢？

如果你认为以上说的情况和自己的情况十分吻合，开始感到焦虑和恐慌，请你不用担心，下定决心阅读本书是第一步。随着章节的推进，你将了解我的个人经历以及我为改变生活所做的一切，之后你就明白自己该怎么做了。我在伦敦的大型公司和金融服务机构工作过10年，也曾向公司大客户推销产品或者提供服务，达成价值几十万英镑的交易。取得这些成绩除了要在办公室对着电脑工作，还要在酒吧陪着客户消遣娱乐。因为意识到自己压力巨大，所以我开始过度饮酒。可以说，整个人跌到了"谷底"。

那时是2012年年初。从那以后，我重新审视自己不健康的生活方式，立志做出彻底的改变，重新点燃对生活的热情，根据本书提供的方法让身心变得强大，为自己赋能，保持身体健康和心情愉悦。我能做出这些改变，部分有赖于他人的帮助，所以我希望你们也要善于寻求他人帮助。你会看到"寻求帮助"这一主题贯穿全书：当两个人专注于一个共同的目标并且能坚定不移地实现它，就会产生非凡的力量。

我的成功改变依靠的方法论框架是"六种信号"，这六种信号分别是睡眠、心理健康、能量、身体成分、消化和体能。在第七章至第十二章，我会逐一介绍每种信号以及其与整体健康的关联。

在本书中，我会教你从职场倦怠中恢复（以及减少职场倦怠风险）的方法，让你感到幸福，并在事业上取得成就。我还会提到如何识别倦怠的危险信号，因为这些信号表明你可能正进入倦怠期。本书还包含了许多案例研究，它们来自那些愿意分享自己的经历以及敢于做出改变的人；还有一些趣闻和引文，并且每一章节还囊括专家和当事人提供的实用性技巧，引导你反思自己。所以，我有充分的理由建议你进一步阅读本书，并且本书对于处在高压环境中的每一个人来说都应该是一本必读书。无论你是刚开始出现倦怠的苗头，还是已经饱尝倦怠的苦果，本书都将帮助你明确自己现在的生活状态。希望你能尝试我提供的方法，从倦怠中顺利恢复。

Contents

# 目  录

# 第一章　什么是倦怠？

忙碌阻碍我们做出选择，它麻痹思想，让我们不再纠结于那些我们害怕无法改变的事情，而想出的应对改变机制又让我们疲惫不堪。

——莱斯莉·M·布朗宁（L. M. Browning）

《沉思季：午夜冥想》

（*Seasons of Contemplation: A Book of Midnight Meditations*）

我在前言中提到，职场倦怠极其普遍。产生这一现象的很大一部分原因是争强好胜、得陇望蜀的现代公司文化，这些文化在一些行业中十分流行，比如金融行业、法律行业，具体来说，大型会计师事务所和审计事务所尤为盛行。《韦氏医学词典》（*Merriam-Webster's Medical Dictionary*）将"倦怠"一词定义为：通常由于长期的压力与挫折而导致的体力、精力以及动力耗尽。倦怠是一种循序渐进的状态，如果不对其加以控制，会引起中枢神经系统彻底瘫痪。这可能造成生命危险，情况好的话患者还能

有气无力地活着，严重的话会危及生命。倦怠的信号和症状常常
显而易见，但它们也容易被忽视，特别是当你处在具有争强好胜
公司文化的公司中，任何压力大的表现都可能被视为身体虚弱或
无法胜任工作，而且，你还可能被扣工资。如果你自己一个人住
的话，倦怠的症状很容易被隐藏起来，这是因为，如果你的身边
有伴侣、朋友或者家人，那就意味着你很大可能与自己亲近的人
在一起，而他们会察觉到你的异常并建议你采取措施。

## 衡量倦怠的方式

社会心理学家克里斯蒂娜·马斯拉奇（Christina Maslach）和苏
珊·杰克逊（Susan Jackson）开发了一款使用率极高的评估倦怠的工
具，即《马斯拉奇职业倦怠调查普适量表》（*Maslach Burnout Inventory
General Survey*）。它从三个维度——情绪耗竭、去个性化、低成就
感[1]测量职业倦怠的程度。在一项题为《个体倦怠干预方案的评
价：不平等和社会支持的作用》（*The evaluation of an individual burnout
intervention program*）的研究中，倦怠被认为是一种严重威胁，而且对
于那些需要与人打交道的员工来说尤其如此[2]。倦怠还被认为是个人

---

1　马斯拉奇，1996。
2　范司·迪伦登克（Van Dierendonck），1993。

试图调解环境压力失败的结果[1]。应对压力的方式与人的个性特征、过往的经历密切相关。一项研究确定了五大人格特质，它们可以用于研究倦怠的影响，以及研究最容易受到倦怠影响的人格类型。这五大人格特质分别是：开放性、尽责性、外向性、亲和性、神经质[2]。

## 常见的警告信号

### 忧虑

倦怠出现的第一种信号是忧虑。在生活中感到有压力很正常，而且压力通常能促使你行动起来，获得结果；但是如果你压力过大，甚至让健康受到影响，就会带来一些问题，甚至会引起某种疾病。英国国家医疗服务体系对忧虑的定义如下：

忧虑是一种承受巨大心理和情绪压力的感觉。

当压力达到一定程度，让你感到承受不住时，就会转化为忧虑。人们有多种方式应对压力，因此有时一个人感到的压力，对于其他人而言可能就是动力。

---

1　勒夫特（Levert），2000。
2　科斯塔（Costa），1987；约翰（John），1992。

当人处于忧虑中会释放肾上腺素，引起血液流速加快、心率升高、呼吸加快，这让人感到不适，造成比如手脚冰凉、口干舌燥、汗流浃背的情况。而且肾上腺素分泌过多本来就会让人感到紧张、焦虑，引发战逃反应[1]。我们可以通过寻找压力的诱因并尝试去除它们来控制压力水平，比如学会放松、锻炼身体和留意自己的感受。皮质醇是一种压力激素，随着时间的推移，它的积累会导致身体出现问题，因此控制压力水平非常重要，因为倦怠的"大火"总是由压力的"火花"引起的。我将在本书的后续部分详细介绍这一过程以及肾上腺疲劳疾病。

## 焦虑

焦虑通常与忧虑如影随形，容易使人虚弱不堪。人人都有焦虑的时候，例如当人们参加采访或者去医院看病之前会感到焦虑，这很正常。焦虑能帮助我们确定自己是否已经准备好，也能让我们不骄傲自满。但是，过度焦虑贻害无穷，你的睡眠方式、人际关系、胃口和对外部世界的整体感觉都会受到不利影响。如果长

---

1  战逃反应是指战斗或逃跑反应（Fight-or-flight response），心理学、生理学名词，为1929年美国心理学家怀特·坎农（Walter Cannon, 1871—1945）所创建，其发现机体经过一系列的神经和腺体反应后被引发应激，使躯体做好防御、挣扎或者逃跑的准备。

期过度焦虑，你可能会发现自己很难正常生活而且有失控感，这可能导致恐慌、害怕外出和抑郁。

## 冷酷无情和缺乏参与

冷酷无情和缺乏参与是倦怠和抑郁的常见信号。如果你每天过得恍恍惚惚，就会越发感觉疲惫，做任何事情似乎都很困难，下定决心开始做事情（更不用说完成这件事）也几乎变得不可能。这些都会在工作、社交、私人生活和人际关系中显现出来。虽然性格安静孤僻十分平常，但这种性格会加剧这一问题。

## 愤世嫉俗

当你感到倦怠时，你很容易变得愤世嫉俗、容易生气，而且你还会在生活中失去很多乐趣，不能体验到任何事物的幽默滑稽。这不足为奇。通常愤世嫉俗会被解读为敌对情绪，因此也会对人际关系产生不利影响。

## 失眠或睡眠不足

失眠或睡眠不足是真实存在的，且非常危险。根据我的经验，如果你睡眠不足，白天像僵尸一样走来走去，或靠着咖啡和糖不让自己犯困，那么你很难改变任何事情。遗憾的是，遭受倦怠和强压困扰的人们经常用糖和咖啡来支撑自己，而糖和咖啡很容易使人在心理和身体上产生依赖，过量食用会对健康造成不良影响，像糖尿病、代谢疾病和营养不良仅是不良影响的一小部分。

### 饮食不规律

我发现当倦怠症状初次显现，饮食不规律正是罪魁祸首之一。忙碌费力的工作生活（和家庭生活）常常意味着难以规律饮食。皮质醇是一种影响食欲的压力激素，因此当你忙得焦头烂额时不会觉得饿，如果再加上过度劳累，就很容易明白我们忙碌时不想吃任何东西的原因了。皮质醇还会影响血糖水平，以及人体对脂肪、碳水化合物和蛋白质的吸收，也会影响免疫系统、血压和心率变化。如果皮质醇水平异常，后果十分严重，展开来说，皮质醇由肾上腺分泌，因此对于保持健康和维持肾上腺的功能十分重要。

### 肾上腺疲劳

肾上腺是两个小腺体，位于肾脏上方，每个腺体的大小与大颗粒葡萄相当。它们分布在腹膜后隙内脊柱的两侧，相当于人的第11根肋骨的水平位置。肾上腺分泌皮质醇，但是如果压力只增不减，久而久之，肾上腺就会变疲劳，无法正常工作，进而严重影响身体中的各个器官，尤其危害免疫系统，导致人体虚弱不堪，容易生病。更糟糕的是，肾上腺疲劳会让你起床极其困难，这是倦怠的典型症状。

## 能量不足与精疲力竭

过劳、忧虑和繁重的工作会严重影响能量水平，再加上其他因素，比如工作、旅行和家庭需求等，会加剧这一影响。感到精疲力竭时，肾上腺处于疲劳状态，无法正常工作，身体因而开始罢工。营养不良以及过量饮用咖啡也会影响能量水平。

## 过度担忧和自我批评

一旦你开始感到倦怠或焦虑不安，通常易做的小事都会变得更加困难。你无法明察事理，反而变得更加愤世嫉俗和悲观，还会小题大做。通常这会让人觉得你很另类，人们可能会因此说三道四。

## 做事低效

网络给"效能"下的定义是"为做出有益改变而具备的能力"。当你十分焦虑时，就很容易产生这些想法："我不擅长任何东西"或"我很可能要失败了"。此外，可能你做自己原本擅长的事情或简单的事情时，会感觉步履维艰，因为这时你的大脑压力过大，疲惫不堪，供氧不足，再加上肾上腺素分泌旺盛，会更容易犯错，几乎无法清醒地思考，也无法做出明智、理性的决定。

## 健忘与注意力受损

大脑的正常运转依赖葡萄糖，它来源于你吃的食物，这就是为什么你饿的时候感觉自己头脑不清醒。葡萄糖的主要作用是提供能量，虽然它只占体重的 2%，但是大脑需要我们日常热量摄入总量的 20% 才能处于最佳状态（顺便提一句，大脑需要消耗的热量是其他任何器官消耗热量的两倍还多）。这是因为在大脑中，神经元或神经细胞丰富，而这些细胞消耗热量产生的酶和蛋白质，能够用来维持大脑功能。忧虑，或者更确切地说皮质醇分泌过多也会干扰你的记忆力。皮质醇是忧虑情绪的常见生物标志物，属于应激激素——糖皮质激素的一种。正常情况下，大脑中海马体的主要功能是处理短时记忆和长期记忆，内部有许多对应激激素敏感的感受器，所以能够调节通过消极反馈产生的皮质醇。然而，皮质醇过多会导致海马体功能受损，影响记忆的能力；而且，应激激素还会通过将葡萄糖转移到周围肌肉来阻碍海马体获得充足的能量。

## 愤怒与易怒

很多事情都能致人愤怒，有时是环境因素，比如没有得到提拔、人际关系问题或者我们非常在意自尊，但权威和声誉却遭到质疑。一定程度的易怒或愤怒相当正常，但是情绪失控就不好了。通常，情绪失控源于对内在和外在失控的感知。你每天都处于神经紧绷的状态，如果事情没有按照计划进行，就很容易愤怒；或者你感觉没有时间做任何事情，尤其是正确的事情时，也容易生气。然而，愤怒的背后通常还有更多源于恐惧和焦虑的东西。愤怒是焦虑的症状和原因之一，如果你在愤怒情绪管理方面感到困扰，很可能也会因此陷入焦虑。脾气暴躁或极度愤怒往往会导致人们触犯法律或对自己造成实际伤害，所以这是个十分危险的倦怠症状。

**快感缺失**

《韦氏医学词典》将"快感缺失"一词定义为"一种无法在正常产生快乐的行为中体验快乐的心理状态"。快感缺失也是重度抑郁症的症状之一，它被认为是由大脑关闭其快乐回路所致。肾上腺疲劳会加剧快感缺失和加重倦怠的其他症状。你常常会听到过度忧虑的人说他们努力从一切事物中寻找快乐，即使是他们过去喜欢的活动也在范围内。

**感觉麻木**

这通常与快感缺失有关，当你筋疲力尽，就会在感觉和情绪上变得麻木。你可能很难与发生在别人身上的重大情感事件产生共鸣和建立联系，但通常情况下，你可能会对这些事件表示同情。

### 孤独与冷漠

倦怠更容易发生在独居的人身上，主要原因是倦怠的症状会持续很长时间，而且身边没有伴侣、配偶或室友在下班后一起放松。缺乏精力会导致不愿社交，同时也可能因为忧虑、焦虑或疲惫而感觉无法与人建立联系。如果你通过大量饮酒来自我疗愈，那就可能变得更糟，会出现与人相处不融洽或不合群的现象。

## 个性禀赋与童年经历

### 个性

根据我以往的经验以及在这本书的写作过程中新获得的经验，我发现不同的人格类型存在共性。发生在童年的事情会塑造和影响我们成年后的思想、行为和决定。这类事情既可能起积极作用，也可能会起到消极作用，甚至成为导致某些不良行为产生的罪魁祸首。琼·博瑞申科（Dr. Joan Borysenko）在自己的《思维混乱：为何倦怠，如何恢复》（*Fried: Why You Burn Out and How to Revive*）

一书中写道：

> 我的童年经历、性格和外部环境让我面临很高的倦怠风
> 险……我天生就想超越自我、追求完美，所以反复跌倒受伤。

研究表明，性格特点的共性就是倦怠的标志，具备这些性格特征的人们处于高压力的环境中时，他们比别人更容易情感疲劳或倦怠。

我几年前遇到的一位心理学家把倦怠描述为"在很长时间内过于强大"的结果。通常，这种"力量"已经存在了很长时间，最终它会成为我们最大的优势，但也会是致命的弱点。对我来说就是这样：如果自己的能力没有那么强，我可能会提前计划离职，让自己避免一些困难。

## 关键性格特征

### 懂得"断舍离"

如果长期受到慢性忧虑的困扰，那么很可能是因为我们一直处于紧张状态，这一点在涉及人际关系（工作关系与私人关系）和职业生涯时尤为明显。我经常看到客户做着自己很厌烦的工作，这些工作带给他们常人无法忍受的巨大压力，令他们感到不适。

对于我的客户来说，这样的故事并不罕见：他们在去开会或者去上班的路上突然停下来，没法继续走或者不记得他们要去哪儿了。倦怠的症状表露出来之后，他往往会在接下来的几周、几个月甚至几年里继续做这份工作，因为他很难知道何时离职——我在高压力的环境中工作了三四年，我没有适应那个环境，也没有归属感；我坚持工作仅仅是因为我不知道如何放弃这份工作，而且很长一段时间我竟然错误地认为我不能放手。

### 陷入天鹅绒车辙——一成不变

很多年前，我从一位朋友那里听到这个词语，不得不说，这真是个极好的描述性隐喻。表面上，受倦怠折磨的人可能生活得光鲜亮丽。他们可能在公司担任高管或者自己把生意做得红红火火，有宽敞舒适的房子、豪车以及良好的人际关系，负担得起高端奢华的旅游和高档餐厅的消费。他们的孩子可能在昂贵的学校就读。尽管拥有上述一切，但他们可能发现自己陷在"天鹅绒车辙"中。说"车辙"是因为很难走出来，让你一直麻木地向前，而且没有横向的改变；当你试图改变方向，通常不会有任何结果。车轮是天鹅绒做的，再加上车辙意味着一成不变，是相对富裕的标志，所以你并不是总能明显地感觉到自己过着一成不变的生活。很多人虽然能意识到这种状态，但也很难从其中走出来。而且你依赖有着一定程度经济收入的生活方式，一旦你不再具有那样的收入水平，就要把现有的生活方式全部抛弃。最近，我听到有人说，他愿意放弃现有的工作去做其他事，但如果他这样做的话，他和他的家庭"将不得不结交新朋友"。

## 不愿寻求帮助

基于我的个人经历和我所做的研究，遭受倦怠困扰的人往往不愿寻求帮助。这不一定和自尊有关，而是与他们的人格类型以及儿时的行为习惯有关。他们更倾向于依靠自身解决问题，可能过往的经历告诉他们求助是虚弱和无能的表现。我想我也是这样，每当我找到自己解决问题的方法，特别是解决与我爸爸有关的问题后，我就备受鼓舞。尽管这会帮我变得独立，在一些事情上提升自我效能感，但也让我更加坚定地认为做事不要寻求帮助。这一点与那些告诉我他们自己正遭遇倦怠困扰的高管和企业家的观点不谋而合。除了高管，我认为企业家也容易倦怠，因为他们更可能经常单独工作，而且更加独立和自立。在高管中，很可能存在这样一种观念阻止其寻求帮助：寻求帮助可能暴露缺点，也可能使自己的威信丧失。除此之外，大男子主义的企业文化也会让寻求帮助变得更加困难，前伦敦金融城分析师、《城市男孩》（*City Boy*）专栏作家杰兰特·安德森（Geraint Anderson）认为城市有"充满阳刚之气和大男子主义的文化"，他还补充说："'午餐是为窝囊废准备的，如果你想要朋友就买条狗'，这样的文化其实已经再普遍不过了。"

### 展现积极状态

这一点与不愿寻求帮助有密切联系，我认为陷入倦怠的人们很难谈论正在发生的事情，因而在生活中展现出非常积极的状态。这是一个基本的应对机制，也是一种转移注意力的方式。"假装勇敢"和关注他人的优点会让你分心，无法看清真正发生的事情。一直关注他人及其情绪，会让你变得十分体贴、考虑周全。而在现实中，这会让你很容易相信交流沟通中没有分歧，也没有任何问题。这些倾向和转移注意力的方式能够简单地让你在糟糕的工作或者人际关系中继续坚持下去，因此你会越来越稀里糊涂，进而陷入倦怠。

### 在工作中寻求认可

另一种分散注意力的技巧是在工作中认可自己。成功显然是件好事，但它会隐藏很多不快乐，从长远来看，它会让你推迟接受工作使你生病、不快乐和陷入倦怠的事实。我认识的很多患有职场倦怠的高管仍然身居高位不肯离开，因为他们认为这是自己应该做的，而且他们的自尊和自我价值感与他们所从事的工作（以及感知到的工作的重要性）密切相关。一旦离开了工作，他们就会失去这种被认可的感觉。他们退休后的生活应该与其他行业的人们差不多，都会努力寻找生活的意义，因为之前在工作上投入了太多时间和精力。确实，这些人会为了变得忙碌、有用、重要或受人赏识而承担太多压力,直至在退休后才发现自己早已陷入倦怠。

人们比较赞同的观点为是,在公司的地位越高,承受的压力就越大。然而有趣的是,有研究表明,压力与资历无关,而与你对工作环境、老板、责任、同事以及你对工作时间和工作的控制力等事物的感觉有关。某世界 500 强公司的顾问安德鲁·伯恩斯坦(Andrew Bernstein)在《这书让你不烦躁》(*The Myth of Stress*)一书中说:

> 事实上,压力不是来自你的孩子、配偶、交通堵塞、健康挑战或环境因素,而是来自你对它们的看法。

## 白厅研究[1]

白厅研究是一项重大研究项目,始于 1967 年。研究是为了调

---

1 白厅研究调查了健康的社会决定因素,特别是英国公务员的心血管疾病患病率和死亡率。最初的前瞻性队列研究 Whitehall I 研究从 1967 年开始,对 17 500 多名 20—64 岁的男性公务员进行了为期10年的调查。第二个队列研究 Whitehall II 研究从 1985至1988 年,对 10 308 名 35—55 岁的公务员进行了健康检查,其中2/3 是男性,1/3 是女性。对前两个阶段的研究对象的长期随访正在进行中。这些研究以伦敦白厅区命名,最初由迈克尔·马莫特领导,发现公务员就业的等级水平与多种原因的死亡之间存在着密切关联:等级越低,死亡率越高。最低级别的男性(信使、看门人等)的死亡率是最高级别的男性(管理员)的3倍。这种效应后来在其他研究中被观察到,并被命名为"地位综合征"。

查影响健康的社会决定因素，调查重点是英国公务员的心血管疾病患病率和死亡率。约有 1.8 万名 20—64 岁的男性公务员接受了这项为期十年的调查研究，最终发现（在众多原因中）公务员的职级与死亡率之间存在密切关联。公务员最低级别男性的死亡率是最高级别男性的 3 倍。事实上，研究发现，公务员的压力并不是因为责任过重或职能更多，而是与他们认为自己拥有的控制能力有关，也就是说，努力和回报会影响压力水平，进而影响健康。因此，找一份你能掌控且有成就感的工作对于保持健康来说至关重要。

## 表面外向实际内向

我接受这一说法的部分原因是我没有别人想象的那么外向，也不想把自己描述得外向。我们每天都会对自己说很多善意的谎言，我对自己说的谎言之一就是"我十分外向，绝对可靠"。我的性格确实很外向，大家都知道，而且我还通过应酬来巩固我的声誉。不过现在我知道自己需要从中抽身，减轻压力，因为我的真实性格中有很多方面带有典型的内向特质。如果我参加销售会议或者全天活动，我会提前做准备，积极与他人建立联系，但在这之后，我需要充分休息，给自己充电，这对我来说很重要。倦怠产生的部分原因是当身体出现疲惫信号时，人们忽略身体的休息需求，继续工作。

## 强迫性助人

我第一次知道这个词语是从英国医生罗伯特·勒菲弗（Dr Robert Lefever）那里，他著作等身，包括《私人医生的笔记》（*Notes of a Private Doctor*）[1]。在这本书中，他讲述了发生在自己身上的故事和工作中的奇闻逸事。我曾有幸见到罗伯特医生，他魅力十足，充满智慧。以下是他对强迫性助人的定义：

> 强迫性助人即需要被需要。帮助与强迫性助人有根本区别：帮助是友好、体贴、热心和慷慨的体现；而强迫性助人会在高尚又傲慢的助人行为后留下一连串残骸。

我不是说强迫性助人是所有倦怠症患者的特征，也没有说如果你是一位强迫性助人者，就可能正陷入倦怠。我相信强迫性助人会让人们忽略正发生在自己身上的事情，这其实就像火上浇油。这种维护自尊的方式并不合理，还会让你忽视自己的需求和欲望。

---

1 勒菲弗，2013。

**极端行为倾向**

我和一些人谈论过他们的倦怠经历，他们都认为自己性格极端（这在克尔·泰勒的案例分析中会提到）。我当然也有这种感觉，有时我很极端，喜欢刺激肾上腺素分泌的运动和娱乐活动。我对饮酒没有克制，就像我在二三十岁时沉迷享乐一样。这种极端行为可能是一种转移注意力的方式，也可能是一种逃避现实的行为。可能我们会自欺欺人，认为自己玩得很开心，因为做了这些极端的事情，或者试图通过做这些事情证明自己足够勇敢。在银行业和贸易业，这些极端的个性会得到刻意追求和鼓励。银行（特别是在投资银行和贸易银行）提供的回报十分丰厚，目标人群是那些为了高收益而敢于承担高风险的人。本段内容将在下一章详细介绍。

**童年经历影响未来行为**

我认为倦怠的种子在人生的早期阶段就已埋下。我们的童年经历会深刻影响我们后来的行为。我个人认为遭受倦怠困扰的大多数人在童年时也或多或少经历过精神创伤，可能是丧失亲友、遭受身心虐待、遭遇恐吓或者感觉被困在一个环境中，比如身处压力过大的寄宿学校。童年时遭遇的精神创伤带来的绝望与无助会根植于你的神经系统，对你以后的人生产生影响。花点时间回忆一下你的童年和过往经历，你可能会发现一件令你印象深刻的事。思考一下你后来的行为是如何受到这件事情影响的，然后你可能会察觉导致倦怠的一点点苗头。与"时间治愈一切"的陈词滥调不同，对于童年的精神创伤，或许说"时间只是已经过去，但是并没能治愈一切"更合适。其实，时间非但没有治愈一切，反而时间教会你伪装和掩饰。瑞士精神分析学家、儿童心理学家爱丽丝·米勒（Alice Miller）提出：

> 童年的真相一直藏在我们的身体里，活在我们的灵魂深处。我们的智力会被欺骗，感觉会变得麻木，心灵会被操纵，对事物的看法会变得混乱、感到自我羞愧，甚至身体也能被药物欺骗，但我们从来不会忘记真相。因为我们内在是一体的，而且附带童年经历的完整灵魂在身体里，所以总有一天我们的身体会为此买单。

**童年不良经历[1]研究**

一个名为"童年不良经历（ACE）研究"的重要项目发现了

---

1 童年不良经历指儿童成长过程中可能经历的潜在创伤性事件，包括身体虐待、生理忽视、情感虐待（羞辱、讽刺、恐吓、否认、评判、责骂、贬低、威胁、控制）、情感忽视、贫困、性侵害，或成长在有家暴者、药物滥用者、精神疾病患者、犯罪成员的家庭中等。

童年经历影响以后健康生活的方式。这一项目由美国疾病控制和预防中心以及凯撒医疗集团共同赞助，主要由医学博士文森特·费利蒂（Vincent J. Felitti）和医学博士罗伯特·安达（Robert F. Anda）共同主持。在 1995 年至 1997 年，超过 1.7 万个病人自愿参与研究，研究包括通过常规筛查来评估病人的长期健康结果以及这些病人是否在童年有过被忽视或被虐待的经历。研究结果清晰地展现了慢性压力和不良健康状态之间的联系。为了确定童年不良经历的分数，费利蒂和安达与受试者将不良经历分为 8 类，包括 3 类虐待：情感虐待、身体虐待和生理忽视，以及 5 类家庭问题：成长在有家暴者、药物滥用者、精神疾病患者、犯罪成员或父母死亡的家庭。每种不良经历的分值是 1，如果没有相关经历，就没有得分。参与者的平均年龄超过 50 岁，所以费利蒂和安达随后将这些分数与每个参与者在研究期间的健康状况进行关联。他们有了十分有趣的发现：分数结果强烈暗示了成年后的健康状况，换句话说，分数越高，成年后有健康或者行为问题的可能性越大。他们的大脑成长结构受到难以控制的慢性压力影响。令人惊讶的是，这些结果的发现纯属意外，因为罗伯特·安达是位肥胖门诊的医生，而费利蒂只是一名内科医生。

## 纳丁·伯克·哈里斯[1]

纳丁·伯克·哈里斯（Nadine Burke Harris）是一名儿科医生，在加利福尼亚太平洋医疗中心工作，这是加州北部最好的私立医院之一。哈里斯在加州北部的湾景区猎人角开办了一家诊所，虽然名字很田园风格，但那里却是旧金山最贫困的社区之一。她接触到的所有儿童大多数都被确诊患有多动症[2]，但是哈里斯认为自己无法同意这一诊断，因为她觉得有些不对劲。哈里斯真正关注的是大多数儿童存在的基本共性——他们要么曾经在家经历过，要么正在经历各种形式的精神创伤。大约在那个时候，一位同事发现了童年不良经历量表，并告诉哈里斯："你一定要看看这个！"她看到了童年不良经历的研究结果，同时根据她在加州太平洋医疗中心工作的经验，大体了解了研究结果的真实性。现在，

---

1　儿科医生纳丁·伯克·哈里斯解释说：遭受虐待、忽视等问题，对大脑的发育产生了切实的影响。这些负面的东西将会在你漫长的一生中持续不断地影响着你！因此，我选择为加利福尼亚太平洋医疗中心（CPMC）工作，这是加利福尼亚北部最优秀的私立医院之一。我与该医院合作，在旧金山最穷、社区服务最差的居民区——湾景区猎人角（Bayview-Hunters Point）开了一家诊所。在此之前，整个湾景区社区仅有一名儿科医生，为一万多名儿童服务，我们挂牌营业后，为当地居民提供最优质的医疗服务，不论患者家属是否有能力支付医疗费用。

2　注意缺陷与多动障碍（Attention deficit and hyperactivity disorder，ADHD），俗称多动症。

她致力于研究童年精神创伤对大脑发育的灾难性影响，以及这些影响极大增加儿童成年后患上严重（可预防性）疾病的概率。由于她的远见卓识和她拼尽全力唤醒人们辨别和处理童年精神创伤的意识，纳丁·伯克·哈里斯在这一领域称得上先锋（虽然她把这一行动描述成一场运动，而且也因此遭到了反对）。2010 年，她成立了青少年健康中心，在湾景区猎人角帮助未成年人和他们的家庭，并承担着这样一种使命：转变社会对待有童年不良经历和不良压力的儿童的方式。2014 年 9 月，哈里斯发表了鼓舞人心的 TED 演讲，她引用前美国儿科学会会长罗伯特·布洛克（Robert Block）医生的话：

> 童年不良经历是我们国家目前面临的、唯一最大且未能解决的公共健康威胁。

英国政府应当听取纳丁·伯克·哈里斯、罗伯特·布洛克、文森特·费利蒂和罗伯特·安达等医生的建议，制定公共健康战略，承认童年经历和成年后的健康状态具有关联性。

**难以放松**

倦怠的另一个典型症状是身体很难放松下来。对我来说，如果有很多事情需要做，我会感觉很难放松下来。后来，我意识到自己尽管有很多事情要做,但是这些事情却不需要我立刻完成——可能我认为它们需要,而事实上它们可以先放一放或者由别人做。学会放手是一项技能,倦怠症患者需要努力掌握这项技能。不花时间休息会付出高昂的代价,这会让身体一直保持高度警觉,肾上腺不断分泌肾上腺素,让身体永远处于"在线"的状态,这会导致肾上腺疲劳,入睡困难,食欲不振,甚至生病。

## 习惯追求高成就

在写本书的过程中,我采访过很多人,他们都说到了完美主义和高成就。我见过的人都认为自己是追求高成就、雄心勃勃、积极进取和奋发努力的人。这些词我也会用来形容我自己。但由此带来的负面影响是,如果你无法平衡这些品质,你就更有可能陷入倦怠。让自己待在公司或一个竞争激烈的环境,比如交易大厅或者销售办公室,然后牺牲社交生活和人际交往的时间,时时刻刻工作,为了工作不惜一切代价,那么通常你的目标和愿望就能够实现。有欲望和野心是好事,但如果想让自己保持健康,就需要通过其他事情来调和,比如人际关系、友谊、爱好和运动。

## 倦怠的典型阶段

赫伯特·弗罗伊登伯格（Herbert Freudenberger）[1]是一位德裔心理学家，他致力于研究压力、倦怠和药物滥用。他与同事盖尔·诺思（Gail North）整理了产生倦怠的 12 个阶段。我觉得看到倦怠被分成不同的阶段很有趣，因为这可能会更加引起人们对产生倦怠过程的重视，从而帮助人们辨别产生倦怠的信号。需要注意的是，这些阶段并不总是按照顺序发生：

1. 急于证明自己——可能为了实现过高的目标，不惜一切代价。

2. 努力工作——个人期望过高，自己承担过多而不愿与别人分担。

3. 忽视自己的需求——对自己的需求置之不理，对家人、朋友的关心无动于衷。

4. 转嫁矛盾——可能没有意识到自己做错了事，也会因为自己无法看到问题的根源而感到沮丧。

5. 改变价值观——价值观体系会影响工作，还可能令人在情

---

1　20世纪70年代，职场倦怠症开始"流行"起来，尤其是在那些从事公共事业的工作人员中。赫伯特·弗罗伊登伯格是一位就职于非主流心理健康机构的心理学家，他于1974 年提出"职场倦怠"，并认为职场倦怠是一种最容易在助人行业中出现的情绪性耗竭的症状。

感上变得迟钝, 然后陷入自我否定状态。

6. 否认出现问题——可能开始减少社交, 责怪工作改变了自己的个性和生活方式。

7. 自闭——这一阶段几乎没有社交, 可能会借助酒精缓解无助感。

8. 明显的行为改变——同事、朋友和家人不再忽视你的改变。

9. 丧失个性——你不再清楚个人需求, "失去自己", 机械地生活, 只关注眼前。

10. 内心空虚——可能通过有害行为体现出来, 比如贪食、厌食、滥情、酗酒。

11. 抑郁——你疲惫不堪, 认为活着的意义很小或没有意义。

12. 倦怠症状显现——这是一种身心的崩溃, 需要立即接受药物治疗。

## 压力和倦怠的区别

### 压力

我前面提到, 有一定程度的压力是正常的, 而且是必不可少的, 因为压力能够作为一张安全网, 让我们不会沾沾自喜。但是当日常压力变成慢性压力, 问题就出现了。对于公司高管来说, 压力少意味着一项任务的最后期限快到了, 结果已胜券在握, 你依旧关注自己的角色和责任。这种压力常常与一个确切的活动联系在一起，比如一个项目、一笔交易或一个职位，通常，一旦这个项目或者交易完成，压力就会消失，你也会从中恢复。2009年，以色列本—古里安大学的阿亚娜·马拉奇·皮内丝（Ayala Malach-Pines）教授做了一项研究，结果发现，如果高管认为自己的工作有价值、有意义，那么他们陷入职场倦怠的可能性就微乎其微。皮内丝教授说：

> 人们相信生活富有意义，所做的事情有用且重要，就不会陷入倦怠。对很多人来说，工作的动力不仅仅是金钱，还有他们相信自己会产生一定的影响，正是这个想法鞭策着他们。……如果你感觉自己的工作富有意义，而且正在实现着预定目标，那么你即便压力再大，也不会陷入倦怠。

或许我们应该注重鼓励管理者在自己的生活中寻求平衡，减少对短期目标和金钱回报的执着，不要像电池耗电一样一直消耗自己的精力。这部分内容将在下一章详细阐述。

## 倦怠

当压力源长期持续存在，陷入倦怠的风险就会更大。那时，压力可能被解读为过度参与，而倦怠就成了脱离联系。压力产生紧迫感和多动症，而倦怠产生无助和绝望。压力导致能量流失，而倦怠导致动力、理想和希望丧失。压力带来的主要伤害是身体上的，而倦怠带来的伤害是心理上的。如果你陷入倦怠，就会持续感受到压力，即便压力源已经消失或者减轻，你也会丧失自我效能感，无法看到你所做事情的价值。有时候，这会导致人的中枢神经系统完全崩溃，需要医疗手段介入，在几个月甚至几年后才能完全恢复。

## 诊断

倦怠症状通常与抑郁症状十分相似。2013 年，一篇题为《倦怠和抑郁的比较症状学》（*Comparative Symptomatology of Burnout And Depression*）的论文发表在《健康心理学杂志》（*Journal of Health Psychology*）上，它的研究结果显示，临床抑郁症患者和倦怠症患者之间没有明显不同。所患病症是倦怠症还是抑郁症通常由全科医生做出诊断，本书中接受我采访的每个人起初都去看过全科医生，结果喜忧参半。通常，人们不到情况严重到一定程度时是不会去看全科医生的，而此时全科医生能够提供的帮助往往可能过少也过迟。在采取行动之前，我自己一直在等待，直到身体的示警不可能再被忽视，我推测有这种想法的不只我自己。有时，医生会开抗抑郁药，还有安眠药或抗焦虑药物。

我的案例研究对象之一是萨拉（Sarah），她起初拒绝了全科医生让她吃抗抑郁药的建议，可是她吃了这类药物后，病情的恢复速度惊人。我相信药物有用武之地，但是每个人的情况不同，最终，病人必须自己决定是否用药。下面是萨拉的故事。

## 案例研究：萨拉

萨拉是国有部门的高级律师，十分热爱自己的工作（显然，她的工作也干得很好）。她与丈夫还有两个儿子一起生活在伦敦，那里有他们的朋友和家人。我请求萨拉分享她的经历，因为尽管她还没陷入倦怠，但她的故事能够说明压力和倦怠之间的不同，并展现倦怠的警告信号。萨拉找到我们寻求帮助的时候，她已经工作很长时间了，无论是在办公室还是在家，她经常忙得顾不上吃饭。她的睡眠时间不固定，有时一晚上可能只睡两三个小时。我们见面时，我发现她真诚又温暖，十分睿智，但也惶恐不安、忧心忡忡。

萨拉自述：

我受到工作压力的重度困扰，患上轻度抑郁已经差不多12年了，我发现自己的健康状况是周期性的：如果健康状况良好，那就一切顺利；如果我在工作中经历了一段持续的困难时期，那么我的健康状况就会变差，身体感到不适，但我努力克服这个问题（包括工作和身体不适的影响）后，又会恢复正常。之后一切又会循环往复。

控制欲（甚至高于平时）是最开始的症状。我念念不忘不重要或者时间不紧急的活动，而不是最紧急的任务，之后我的睡眠受到扰乱。我很累，但我不允许自己上床睡觉，因为马上就到早晨了，又该进入工作状态了。接着，不用说，疲惫来袭，而且饮食更加不规律——因为持续在桌前工作，还有睡眠不足，我对碳水化合物和糖的需求增加——我突然发现，自己的情绪快要崩溃了。

我认真思考过，究竟是"我"还是"我的工作"让自己处于一个近乎恒定的"健康—压力—衰弱—恢复—重复"的循环中，但是我没能得出结论。我在家里的三个孩子中排行老大，我们都卓有成就，但是对于生活方式，父母特别喜欢让我们顺其自然，保持天性，不望子成龙也不强求我们。对我来说，充分展现自己的才能十分重要，我对自己比对任何人都更严厉。这些都让我觉得这才是"我"，而且和我关系亲近的人也都这么认为。他们常说如果我又做回当地超市的收银员，我会在第一周结束前重新整理那个超市。但我选择的职业并没有帮助我改变想法。我非常热爱我所做的事情，全身心投入工作，积极管理员工，正视自己在心理健康方面的一些复杂症状。

几年前，尽管我与医嘱对抗了很长一段时间，但我还是到了开始服用抗抑郁药的地步。从我第一次去看医生，向他抱怨近乎无休止的精疲力竭还有晚上睡眠不好；到现在，他当我的家庭医生已经超过 15 年了。我们交谈过几次。他给我下诊断，说我患上了由工作压力带来的抑郁症。我不同意这个诊断。他建议我服用抗抑郁药，我拒绝了。为了证明自己正确，他为我开了一个短期疗程的安眠药，与此同时，他还提醒我说，可能我会感觉更糟。事实证明，他是对的。他轻轻推了推我，说："如果你的胳膊断了，你会让我帮你接上吗？"答案当然是肯定的。"如果你的腿受伤了，你会让我帮你包扎吗？"我再次肯定地告诉他答案。"那么为什么你不让我修复你大脑中这些断裂的突触呢？"他说得有道理。我最终采纳了他的处方建议，开始服药。这些药十分有效——没过几天，我就感觉以前的"我"又回来了。毫无疑问，药物在我身上起作用了——我的身体对选择性血清再吸收抑制剂[1]迅速做出反应，而且非同寻常般地适应。虽然医生又给我开了处方，但我从来没有觉得自己需要再服用一个疗程。人们都在谈论"云迁移"（cloud lifting），它确实管用。我将永远感激这位出色又充满爱心的全科医生，他小心翼翼、温柔地帮我度过了一段艰难的时光。

---

1 选择性血清再吸收抑制剂 [ Selective Serotonin Reuptake Inhibitor(s)，缩写为SSRI 或SSRIs ]，也称为选择性5-羟色胺再吸收抑制剂，是一类抗抑郁药物的总称，是治疗抑郁症、焦虑症、强迫症及神经性厌食症的常用药物。

我无法解释为什么我从未和老板提起过自己遇到的困难。我在行政部门工作,部门承诺要照顾员工,但我不愿讨论自己的健康问题。也许值得一提的是,在这段时间,我的工作并未受到影响。我继续长时间地工作,继续在不合理的最后期限前高质量地完成工作,继续保持耐心与幽默感,管理和支持我的团队。几乎没有人知道我的艰难。但是我的家庭却因此受到伤害。我的丈夫、父母和姐姐很好地适应了我健康状况下降出现的种种症状,他们的反应也十分迅速,试图帮助我——但问题是,只有我能帮助自己度过这段时期,而且,对我来说,通常需要很长时间的准备才能开始行动,慢慢恢复。

后来,我再次发现自己需要医生的帮助,这次是在伦敦。我的症状再次呈现"阳性",但是这次绝对不像之前那样幸运,能够享受到贴心的护理。我解释说,除非医生明确地建议我服药,否则我不想服药,于是她给我开了一个疗程的认知行为治疗[1]。我接受了6次治疗,尽管它帮助我度过那段时期,但是我不认为这一疗法有任何持久的疗效。我还定期去做足疗,虽然很难说我能从那里得到什么医疗建议,但是安静地躺着带来的平静一定会缓解偶尔的压力。

压力大,轻度抑郁,让我与"在线/掉线"状态的斗争

---

1 认知行为治疗是一种心理治疗方法,教你通过改变思维模式和行为方式解决问题。

持续了 12 年。这种斗争损害着我的健康——不良的睡眠习惯、不规律的饮食习惯和不运动结合起来，带来的结果就是我的不健康和超重。但就在 6 个月前，这种斗争促使我找到了一个私人教练网站。因为我马上要去新岗位任职（没有升职，但是这个岗位与之前完全不同且责任更重），所以我知道我需要拥有更加健康、强壮的身体，能更好地处理一直伴随我的压力。我足够勇敢，让自己跳出舒适区。预订私教课程是我人生中最棒的决定之一。

运动带来改变。无论这是从忙碌的生活中抽出一些个人时间而带来的愉悦，还是在休闲时间里你无须做出任何决定的放松；无论是在户外呼吸新鲜空气的畅快，还是内啡肽激增的结果；或是成就感的影响、改善睡眠方式的结果、好好吃饭的愿望——所有这些都意味着我比之前更加冷静，能够更好地处理工作带来的压力。

保持健康的关键是实现和维持平衡。考虑到我们的生活方式，这并不容易做到。在开始失衡时我们就要意识到，并尽早采取措施恢复平衡。如果我们没能意识到失衡，那么爱我们的人尝试告诉我们他们的担忧时，我们必须倾听。

尽管我对自己的身心健康十分关注，而且对所有的医学建议都了如指掌，但我依旧想要停止这个恒定的循环：健康—压力—衰弱—恢复—重复。我十分肯定，通过锻炼，我最终会发现保持长期健康的秘诀。

# 第二章　共同愿景

## 管理者的一天

　　贪婪是个好词，因为没有更合适的词了。贪婪没错，贪婪有用。贪婪阐明、贯通并描述出进化精神的本质。一切形式的贪婪，为了生命、金钱、爱情、知识的贪婪，标志着人类的发展。记住我的话，贪婪不仅能拯救泰达纸业公司，还能挽救机制失调的美国。

　　　　　　　　　　　　——戈登·盖柯（Gordon Gekko）[1]

　　　　　　　　　　　　《华尔街》（*Wall Street*）

我们几乎都看过《华尔街》这部电影，或者至少听说过这部

---

[1]　电影《华尔街：金钱永不眠》（*Wall Street: Money Never Sleeps*）中的角色。

电影的主角——无情的戈登·盖柯。电影《华尔街之狼》也几乎没能改变你对（在金融领域工作的）管理者的印象。这些影片中的管理者被塑造成无情、自恋、贪图享乐、贪婪且自私的形象。在我写这本书的时候，就"上演"了一部现实版的《华尔街之狼》。一位名叫威廉·普雷斯顿·金（William Preston King）的高管，52岁，被发现睡在纽约格林威治村公园的一条长凳上。新闻报道中说，由于吸毒和酗酒，他现在已经失业，而且无家可归。金是一位非常成功的股票经纪人，他在像美林证券那样的公司工作，是号称"华尔街之狼"——乔丹·贝尔福特的一名副手。当贝尔福特看到这条新闻时，他说：

> 那个时候聚会很多。大家一起酗酒后，往往会引发灾难性的后果。酒精让人变得偏执。我甚至以为外星人从窗户进来了。我发疯了，在清醒之前完全脱离了现实。

尽管这些堕落行为和无节制的生活并不罕见，但现实可能有所不同。我们要么知道一些符合以上特点的管理者，要么和他们工作过，但是也有很多管理者善解人意、工作努力、诚实可靠，但他们发现工作无法满足自己的基本需求，也无法让自己拥有健康又可持续的生活方式。

# 竞争性出勤

想象一下办公室里面有这样一个场景:有人生病了,他可能在打喷嚏,搅拌苏打水的时候用另一只手使劲捶自己的头,或者因为睡眠问题而疲惫不堪。如果他明显生病了,你可能会问为什么他没有在家休息,而是来上班了。我还能回想起很多次这种时刻,也会听到一些冠冕堂皇的理由,比如"我不能躺在床上""我还有很多工作要做""我要在这里完成甲、乙或丙的任务,所以我不会待在家里"。阿里安娜·赫芬顿在2010年12月份的TED演讲中,进一步探讨了这一现象。

现在有一种"睡眠不足就高人一等"的风气,特别是在华盛顿,如果你和别人约会吃早餐,你可能会问:"8点见如何?"对方很可能告诉你:"8点对我来说太晚了,但是也可以,在这之前我可以打会儿网球,再开几场电话会议。"然后他们会认为这些安排意味着自己超级忙碌,而且做事效率高,但事实并非如此。在商业、金融领域,我们可以看到出色的领导也会做出糟糕的决定,所以高智商的领导不意味着是一位好领导。

竞争性出勤如今风靡企业界。这是一场关于"无论病得多重,依旧能来上班"或者"看谁睡得最少，还能继续工作"的游戏。我在所有工作过的公司都见到过这样的人，我打赌你们也是。无情的现实是，在一些环境中，他们常常被视作最努力的员工，把时间投入工作，因此也是最忠诚的员工。我常常听到我的客户说，他们被要求加班时没法拒绝老板，因为他们担心后果：如果拒绝加班，将失去机会，或者被老板认为他们对工作不感兴趣，或者对老板不忠诚。接着就会发生一些有趣的事情，因为英国也面临请病假的问题，所以可能这种竞争性出勤是种错误。2013 年，四大国际会计师事务所之一的普华永道会计师事务所开展了一项研究，发现英国员工每年平均病假天数是 9.1 天，几乎是美国员工病假天数（4.9 天）的 2 倍，是亚太地区员工病假天数（2.2 天）的 4 倍还多。据此推测，病假使英国的老板们一年内损失了约 290 亿英镑。所以，尽管的确有很多员工依靠竞争性出勤为公司创收，但是也有很多员工病得很重，无法办公。这两类人可以联系起来吗？我们是不是把管理者逼得太紧了？而且有没有为管理者创造有利于健康生活的文化氛围和提供相应的健康技巧？

## 备受关注的案例

让我们来看一些案例，其中的高管最近备受职业倦怠的困扰。

安东尼奥·奥尔塔－奥索里奥（Antonio Horta-Osorio）现在是英国劳埃德银行集团的首席执行官。他在 2011 年 3 月上任，那时整个集团步履维艰——2008 年，突如其来的信贷危机严重影响了劳埃德银行集团，这次危机是 1929 年经济大萧条以来最严重的经济危机，因此，英国政府不得不实施干预政策，成为集团的最大股东。

奥索里奥来自葡萄牙。被劳埃德银行集团挖来之前，他是西班牙桑坦德银行英国子公司的掌门人。在采访中，他说自己来自一个争强好胜的家庭，还提到了自己的兴趣爱好，比如与鲨同游（这可能会提示你，他在职场中对自己有多么严苛）。然而，他在劳埃德银行集团上任 6 个月后就宣布自己由于精疲力竭正在休病假。2011 年 12 月，他重返工作岗位后没多久，接受《卫报》（*The Guardian*）采访时曾这样描述那段经历：

> 9 月初，我的睡眠开始出现问题。我上床睡觉时明明十分疲惫，却总是睡不着，自己一直处于"在线"状态。之前从没出现过这种问题。那段时间我每天晚上只睡两三个小时。

离开医院之前，奥索里奥跟劳埃德银行集团的董事长说，他想回去工作，但最终他还是在伦敦西部的修道院酒店休息了五周。值得注意的是，在病假期间，银行里没有任何一个人在公众对话或者声明中提到"压力"一词。而且奥索里奥也没有使用

"压力"一词，而是将自己的状态描述成精疲力竭或者失眠。可能"失眠"与"压力"的含义不同，并且听起来更能让人接受。毕竟，劳埃德银行集团的董事们并不允许股票市场和它最大的股东（英国金融投资有限公司，负责在劳埃德银行管理政府股权）知道他们的老板正在艰难履职。2012年1月，奥索里奥重返工作岗位，但紧随其后的是董事会为他准备的独立医学评估，以及其他六名董事与他的单独谈话。在伦敦金融城，很多人质疑奥索里奥是否可以继续高效工作，但是事实证明，他能够履职，不再需要休病假调整身体。当被要求总结导致自己精疲力竭的原因时，他说：

> 事后想一想，是我做事过头了，因为我过于关注细枝末节。从中吸取的经验教训就是对于在伦敦城工作的人或者那些处于巨大压力中的人来说，要尽快寻求专业人士的帮助。[1]

2007—2012年，赫克托·桑特（Hector Sants）担任英国金融服务局的首席执行官，在此之后，他辞职来到英国巴克莱银行，任职于专门为他在合规、政府和监管关系方面设立的岗位。但是刚在新岗位工作1个月，他就因为"疲惫和压力"离职了。

---

[1] 摘自2011年12月《卫报》对安东尼奥·奥尔塔–奥索里奥的采访。

巴克莱银行在一份声明中提道：

　　赫克托·桑特从 10 月份开始休病假，因为他压力过大、疲惫不堪。他临走前称近期不会返回工作岗位，因此决定辞去巴克莱银行的工作，休完病假后不再回来。

桑特的辞职没有引起太多关注，不出所料，巴克莱银行也不愿提及他的离职情况。

山姆·史密斯（Sam Smith）[1]是一名股票经纪人，在伦敦工作。她在那里声望很高，41 岁时就已功成名就。2007 年，她经理 JM Finn 公司的股权收购，这家公司之后变成 FinnCap[2]，史密斯控股 16%。史密斯还为英国超过 100 家发展极快的企业提供咨询，虽然业绩蒸蒸日上，但是她发现自己常常一天工作 14 个小时，就连午餐和晚餐也都在招待客户。史密斯在南非的度假结束后，她

---

1　山姆·史密斯是英国女商人和金融家。她是企业顾问和经纪公司 FinnCap 的创始人兼首席执行官，该公司是伦敦成长型股票市场 AIM 上市公司的最大经纪商，也是伦敦证券交易所排名前五的经纪商。史密斯是纽约市证券经纪公司的第一位女性首席执行官。

2　FinnCap集团由FinnCap Capital Markets和FinnCap Cavendish组成，是一家英国投资银行、金融服务公司、企业和机构股票经纪公司，总部设在伦敦。它提供战略咨询和融资服务，包括：投资银行、股票研究、机构销售和交易、做市。

和自己 14 个月大的女儿感染了寄生虫性传染病，这让她们十分痛苦，她女儿好几个月都无法睡好。最后，史密斯因为疲惫累倒了，需要请两周假恢复身体，之后她说那段时间大部分都用来睡觉了。史密斯打趣道："怪不得大家都说，疲劳是一种折磨。"

史密斯完全恢复后，正在尝试适应自己公司的文化。她这样描述伦敦金融城："这里不倡导合作精神，却是经商的首选之地，但我不认为在伦敦就一定要经商。你不必成为女魔头，我也不相信什么大男子主义。"[1]

她说自己已经"找到了一个很好的平衡"，包括让自己每年都做些事情，走出舒适区，努力进步，保持积极的状态。

杰夫·金德勒在 2010 年 12 月辞去辉瑞公司首席执行官一职，他说需要为自己"充电"。他当时向媒体发表了以下声明：

> 满足世界各地利益相关方的要求和全天候工作的性质，让我感觉这段时间非常艰难。

2011 年，英国房产服务集团诺力公司的首席执行官马克·廷

---

1　摘自2011年6月《伦敦标准晚报》（*London Evening Standard*）中对史密斯的采访。

克内尔（Mark Tincknell）在公司破产前辞职。诺力公司发布声明称，廷克内尔"需要从近期的健康问题中恢复过来"。

清水正孝是日本东京电力公司的总裁兼首席执行官，他在公司饱受争议的时候休假，对外宣称"基于个人原因……由劳累过度和睡眠不足引起不适"。

约瑟夫·隆巴迪（Joseph Lombardi）是美国巴诺书店的首席财务官，但在 2011 年，他突然辞职。"我认为他过于劳累并且要为去新的岗位任职做准备。"一位同事说。尽管很难找到关于隆巴迪离开原因的具体声明，但是大众似乎都猜测他陷入倦怠。那时他与一个主要股东公开较量，而且他执掌的公司正在经历重大的行业变革。

如果少一些压力和心理健康方面的耻辱感，少一些竞争性出勤和大男子主义，多一些工作与生活平衡的文化，或许大家的警惕性会更高，碰撞会更少。

## 多巴胺影响广泛

如果说是钱让世界转起来，那么一定是多巴胺把钱带到了伦敦金融城。多巴胺是一种神经递质，帮助控制大脑的奖赏中枢和愉快中枢，同时也是肾上腺素合成的一种前体物质。它会让我们重复自己的行为，不论好坏。多巴胺是在我们完成一项大任务时会分泌的物质（比如每当我写完本书的一部分，我就会产生大量的多巴胺，等到本书要出版的时候，多巴胺又会激增）。有人对我们表露爱意或者我们听到好消息时，多巴胺的分泌会让我们产生愉悦的感觉。我们在手机上收到信息时，有时也会感受到同样的愉悦，因此有人疯狂点击刷新消息的按钮，尽管他们知道任何新消息都会自动推送，而且还会伴随声音提示。你敢相信吗？甚至有一种专指手机丢失或者不带手机的恐惧症：无手机焦虑症（nomophobia），它是英文"no mobile phone phobia"的缩写。如果你认为这不是你，那么你应该会知道谁有无手机焦虑症。思考这个问题：你最近一次使用纸质地图、记电话号码或翻看纸质日历是什么时候？

多巴胺很容易上瘾，所以一旦我们感受到多巴胺激增，我们就想一次又一次地拥有这种感觉。这就是目前银行业和企业结构设置的问题：它们的设置是专门奖励那些为了获得巨大资本收益而勇于冒险的人，而几乎不考虑责任感和个人得失。西蒙·斯涅克（Simon Sinek）在自己的畅销书《领导吃在后》（*Leaders Eat Last*）中这样描述多巴胺对大脑的影响：

> 和多巴胺一样对我们很有帮助的，还有一些无助于生存的神经连接，其实这些连接大有裨益。我们强化快感的行为实际上会对自己造成伤害：可卡因、尼古丁、酒精和赌博都会使人分泌多巴胺，那种感觉令人"陶醉"。尽管有化学效

应，但我们对这些东西（以及许多其他令人陶醉的东西）上瘾基本上都属于多巴胺上瘾。其中的唯一变化是行为不断被强化，让我们再次感受多巴胺的冲击。

## 奖赏文化走向疯狂

最近出现的几起高管失控案例备受关注，可能是因为他们多巴胺成瘾影响了自己的判断，然后拿着雇主的资金铤而走险，导致被开除甚至坐牢。下面是最近发生的几起案例：

2008年，杰洛米·科维尔（Jerome Kerviel ）[1]差点造成法国投资银行——兴业银行倒闭，当时他因违反信托、造假和未经授权使用该银行的电脑获罪，被判处5年监禁。他被指控"违规交易"，给所在的兴业银行带来了有史以来最大的损失——49亿欧元。兴业银行宣称科维尔孤军作战，然后"叛变"了，但在《堕落的漩涡：交易员回忆录》（*Downward Spiral: Memoirs of a Trader*）一书中，科维尔称他的领导十分清楚他做的事情，并且他的行为在

---

[1] 杰洛米·科维尔，法国前兴业银行交易员。他在该银行供职期间涉嫌造假，以及入侵该银行信息数据系统，试图掩盖2007年至2008年总额近500亿欧元的违规交易，擅自投资欧洲股指期货，造成该行税前损失63亿美元，被判监禁三年。

银行里尽人皆知。在许多新闻报道中，他的同事和熟人都证实了这一说法。而且更令人震惊的是，科维尔本人并没有从违规交易中获利。尽管他确实在工作中有违规操作，但是我们可能永远也没法知道真相。他在创造巨额利润时，老板们对此视而不见，所以这种行为在很大程度上也鼓励了违规操作，而交易员这样做，在很大程度上也是由于多巴胺引发的贪婪。很多人认为科维尔是银行业广泛和系统性缺陷的替罪羊，所以你必须对此有自己的判断。最终，科维尔服刑 110 天，这意味着在此期间他要为自己的错误买单，相当于他每天损失 5000 万欧元。之后他上诉并最终获释。

被称为"华尔街斗牛犬"的理查德·福尔德（Richard Fuld）是华尔街老牌投资银行雷曼兄弟公司的最后一任总裁兼首席执行官。2008 年 9 月 15 日，雷曼兄弟公司宣布申请破产保护，一时间震惊金融界（你可能会记得这臭名昭著的一幕——公司员工听到破产的消息后，用纸板箱提着办公物品穿过金丝雀码头[1]）。雷曼兄弟公司由亨利·雷曼创立，亨利·雷曼的父亲是一位养牛的犹太商人，雷曼兄弟公司的破产很大程度上归因于雷曼兄弟的首席执行官理查德·福尔德以及他残暴、自私和狂妄的管理风

---

1　金丝雀码头（Canary Wharf）是英国首都伦敦一个重要的金融区和购物区，坐落于伦敦道格斯岛（Isle of Dogs，又译"狗岛"）的陶尔哈姆莱茨区（Tower Hamlets），位于古老的西印度码头（West India Docks）和多克兰区（Docklands）。

格。2009 年，在《常识之败：雷曼背后的金权角逐》（*A Colossal Failure of Common Sense*）一书中，作者拉里·麦克唐纳[1]（Larry McDonald）将福尔德形容为"咄咄逼人又不思悔改的人"，而且是"生活在象牙塔里的人"。麦克唐纳还在书中写道：福尔德对高盛和其他华尔街竞争对手的"郁积性的嫉妒"，导致他忽视了雷曼其他高管提出的关于公司即将崩溃的警告。麦克唐纳说，福尔德在一次高管会议上爆发了，当时高管们正试图弄清问题的严重程度，他大喊："我受够了！这该死的损失！真的够了！"据报道，福尔德并不了解该银行销售的复杂产品，比如信用违约掉期、担保债务凭证、居民住房抵押贷款支持证券和商用住房抵押贷款支持证券。麦克唐纳在书中说，福尔德对产品的细节不感兴趣，只对利润感兴趣。一旦他看到资产负债表上债务累累，意识到自己无法解决，他就又和之前一样，拒绝接受"存在问题"这一事实。直到今天，他仍称对雷曼兄弟公司破产的原因感到迷惑不解。有人认为，他过去和现在的行为都由自私、傲慢、虚荣、幻灭和贪婪所驱使。雷曼兄弟公司倒闭导致 2.5 万人失业，其银行债务高达6130 亿美元，债券债务高达 1550 亿美元。

　　总之，一些银行最近被问责，有的还被处以巨额罚款，比如巴克莱银行由于外汇定价问题被罚 5 亿英镑，摩根大通集团由于

---

1　拉里·麦克唐纳，系雷曼兄弟公司前资深交易员。

伦敦鲸丑闻事件被罚 5.72 亿英镑，汇丰银行由于洗钱被罚 12 亿加元。2014 年，六家银行因为操纵外汇市场而被处以 21 亿英镑的巨额罚款。大家的共识是要对这些银行巨头采取强硬措施，明确责任，从上到下开始整治。2013 年，英国议会银行标准委员会称："太多银行家，尤其是最高层的银行家，承担的责任越来越少。"

## 保持平衡：保罗·佩斯特[1]

我最近有幸在研讨班听到保罗·佩斯特（Paul Pester）的演讲。他被邀请分享如何带领大型银行——TSB 银行经历重大改革，那时，TSB 银行的母公司已由英国劳埃德集团变为西班牙萨瓦德尔银行。保罗·佩斯特是一位拥有物理学一级荣誉学位的银行家，曾效力于麦肯锡公司、维珍理财和桑坦德银行，之后年纪轻轻就成了 TSB 银行的首席执行官。人们普遍认为，佩斯特是新生代银行家，倡导办事透明，对自己的工作和对员工的期望中较少夹杂大男子主义。在日程安排上，他的时间大都花在处理投资银行的事务和参加会议上，包括重要顾问与股东参与的会议和内部会议。他将自己的日程安排做成一张幻灯片展示给我们，上面或多或少

---

1　保罗·佩斯特是 TSB 英国信托储蓄银行首席执行官。

都安排了会议，还安排了一些旅行。第一场会议从上午 7：30 开始，最后一场会议晚上 9：00 以后结束。日程表上的几处空白还被填充上了不同的颜色，这些空余时间是留给游泳的（他从小就是游泳健将）。佩斯特告诉我们，他尽可能为游泳留出时间，因为游泳能让他在忙碌和高压下保持健康与专注，获得强大的适应能力和敏捷的思维。一般来说，周四晚上佩斯特会在伦敦游泳，周六会在他诺福克的家附近训练。他还会做铁人三项运动、骑自行车、跑步，以此保持身心健康。

在他的演讲中，佩斯特就如何安排工作以及自己如何在 TSB 银行被收购期间保持头脑清醒和身心健康分享了自己的深刻见解。他把这些见解称为自己的生存指南，分为 3 个部分：

有效性——设置优先事项，列出待办事项，只专注于自己必须做的事情。用他导师的话说就是，列出清单 A、清单 B 和清单 C，然后检查一下清单 B 和 C 的必要性，如果不是必须做的事情，那就把清单 B 和清单 C 撕碎，只做清单 A 的待办事项。换句话说就是，如果其他人想做，那就让他们做去吧。

效率——建立一个强大的团队。鼓励管理者学习金字塔原理课程，提高逻辑性与条理性；确保所有文件封面符合标准，即所有文件必须以标准格式汇总或呈现，保证读者能够快速掌握主要内容，并确定是否要采取措施。这会节省很多时间，也会让你专注于最重要的事情。

平衡——用保罗的话来说就是"平衡是唯一起作用的东西"。他还强调有兴趣爱好的重要性,特别是在运动方面。

## 正确的观念

你需要定期休息,不管是短暂休息还是去度假,这个"减压时刻"对于身心健康十分重要。YouTube 的首席执行官苏珊·沃西基(Susan Wojcicki)说:

> 我认为休息非常重要,我还发现有时休息过后会有更好的洞察力。

休息能够帮你培养大局观,平衡工作与生活,也能帮你用更广阔的视野看待与工作相关的问题和挑战。维珍集团总裁理查德·布兰森爵士(Richard Branson)[1]说:

> 如果明天我失去维珍帝国,那我就去巴厘岛之类的地方生活。但如果现在我的家庭出现问题,而且是健康方面的问

---

1  理查德·查尔斯·尼古拉斯·布兰森爵士(Sir Richard Charles Nicholas Branson,SRB),维珍品牌的创始人、跨国娱乐投资集团——啪啪国际有限公司联合创始人。英国最具传奇色彩的亿万富翁,以特立独行著称。

题，这就严重了。

## 商业中运动与业绩的相关性

许多高管通过做运动来保持思维敏捷和身体健康，为的就是在办公室和董事会展现最佳状态。英国商业巨头休格（Sugar）勋爵爱打网球，TSB 银行的首席执行官保罗·佩斯特参加铁人三项比赛，知名的英国企业家、投资家彼特·琼斯（Peter Jones）打网球，美国国务院第 66 任国务卿康多莉扎·赖斯（Condoleezza Rice）打高尔夫。托迈酷客的新任首席执行官哈丽特·格林（Harriet Green）一周上 4 次私教课，而且举壶铃是其上课内容的一部分，此外她还练习瑜伽。关于自己把时间优先安排给运动和健康，她这样说：

> 如果你不能每天为自己抽出 1 个小时，那你就是奴隶。

如果在管理层中依旧存在性别不平等现象，那么可以说体育运动能让女性高管从容不迫地履职。2014 年 10 月，安永[1] 女运动员商业网络和女性娱乐与体育节目电视网发布的研究结果显

---

[1]　安永会计师事务所（Ernst & Young）是全球领先的专业服务公司，提供审计、税务及财务交易咨询等服务，已有100多年的历史。

示，大多数参与调查的女性高管都认为体育运动可以帮助女性提高领导力和职业潜力，还对录用决定有积极影响，所以在体育方面的成功似乎很容易带入董事会或公司中。在安永组织的调查中，53% 的女性说自己在工作时间也会做运动，而且大部分女性会通过运动来放松自己；37% 的女性说运动后有助于自己集中精力工作（游泳和跑步是最受女性欢迎的运动）。

体育运动能够磨炼人的关键技能并促进工作能力的提升，还能放松和减压。现在高管们被鼓励像专业运动员一样训练，确保身心健康、思维敏锐，为达到个人巅峰积蓄力量。

## 案例研究：克尔·泰勒

克尔·泰勒（Ker Tyler）是胜任领导有限公司的首席执行官。在这家公司中，领导与团队一起工作，并致力于提高他们的个人和集体表现。2007 年之前，克尔曾在许多大型金融机构工作，之后他患了倦怠症。下面是他的故事：

一天下午晚些时候，正当我离开西班牙银行的办公室，我突然感觉有些幽闭恐怖和焦虑，想马上离开。我走了一段路后发现不知道自己在哪里，也不知道要干什么。惊慌中，我给同事打了电话，问她我这是在哪里。但是后来她和我说，她那时也十分无助，不知道如何帮助我，也不知道能做点什么。之后，她联系了我住在伦敦的女儿，但是女儿也无法确定我的位置，同样感到无助，因为我无法理智地与她交流。我们对话时，因为她不停地说而我又无法插话，所以我变得没之前那么紧张了。之后，我心烦意乱，颤巍巍地继续往家走，对刚刚发生的事情意识模糊。

在这段时间，我喝了太多咖啡和酒，脾气暴躁，咄咄逼人，睡眠质量很差，与家人和朋友关系破裂，饮食不健康，暴饮暴食，所有这些都让我变得越来越糟。在此之前，我积极乐观、身强体壮，现在却变得内向孤僻，感觉未来黯淡无光。除此之外，我的体重不断增加，由原来的103.5千克增加到131.5千克（我的身高是196厘米），远远超出健康体重的标准。结果就是在某天的凌晨4点醒来后，我在床上一直哭个不停。我想自杀，而且之后在不同情境下常常会想到结束生命。

之后的某天，我的部门经理早晨7：30把我叫进他的办公室，正式通知我离职。我问他辞掉我的理由，他没有说话，只是淡淡地笑了一下。他缺乏劝说技能和关于焦虑、压力以及抑郁的相关知识，也没能争取人力资源的帮助（其实他们并没有起好作用）。被要求离职是一种解脱，同时也是个明显的信号：我不快乐。事后看来，我意识到我直属的部门经理还有周围的同事们都不知道如何解决我明显不"正常"这一问题。即便表面上我一切正常，可以正常工作，我的老板看到我离职后仍然十分开心。

我去看全科医生，但她没空，于是我找了别的医生。这位医生使用广泛性焦虑障碍[1]量表评估了我的症状后，最想做的就是给我开抗抑郁药。她希望我尽快恢复。我从药房拿了一大包药。在看完医生后，我很骄傲也很开心，因为我顿悟了，自己之前从没伤害过别人，以后也不会。我希望这些药能起作用，尽管有的药对我来说并不管用。

我一直争强好胜，总是希望父母、老板和同事开心，因此总是尽力做到最好（不论什么事情）。我哥哥从小到大都特别聪明，还在自己的领域干出了一番事业。他考上了大学，但我没有。我弟弟在生意上紧随我后，却遭遇车祸去世，而我当时对此毫不知情，因此这件事在后来严重影响了我的精神状态，削弱了我的能量。我对此感到失落和不公，被压得喘不过气来，不明白为什么他会离开。我现在发现自己没能消化悲伤情绪，只是把痛苦埋在心底，让它一直伴随我。

我爱好运动，争强好胜，在这点上，哥哥不如我。我总

---

1　广泛性焦虑障碍（generalized anxiety disorder, GAD），简称广泛焦虑症，是以持续的显著紧张不安，伴有自主神经功能兴奋和过分警觉为特征的一种慢性焦虑障碍。广泛性焦虑障碍患者常具有特征性的外貌，如面肌扭曲、眉头紧锁、姿势紧张，并且坐立不安，甚至有颤抖，皮肤苍白、手心、脚心以及腋窝汗水淋漓等症状。

想证明虽然我没能考上大学，但也不耽误我的成功。我用实物来衡量每件事——豪车、豪宅、高薪。但是现在我变了，我的首要任务是健康——身体健康、心理健康和情绪健康。现在，我更看重有意义的人际关系，而不是肤浅的错误关系。

我患上倦怠症后，我的家人试图还和往常一样，但他们发现这很难，我想他们与我一起生活是种折磨，无助的感觉最糟糕。现实并不是咬紧牙关、积极生活那么简单，这种无助感与其他不同，而我认识的人中没有一个人有过这种感觉。在职场倦怠前期，我离婚了，离开了孩子、朋友和之前的家。我的新妻子体贴入微、善解人意，但是很多时候，她的耐心被我消耗殆尽！最后，我失业了。从一位成功人士、高收入的人变得一无所有。所有关于新工作的申请要么被拒绝，要么就是面试被刷（这在之前从未有过）。12个月后，我花光了所有积蓄和遣散费（成功人士的开销很大，而且存钱是未来的事情），我决定在一个全新的领域开始创业——帮助他人避免曾经发生在我身上的事。

对于各个部门的变动，我没有做好充分的准备。我承认有几次我退缩了。在我从零开始创业的过程中，酗酒、饮食不规律、缺乏锻炼的旧习惯成了我的绊脚石。我尝试锻炼养生，但是我的饮食习惯不好，而且以为自己的身体状况已经完全恢复了。

后来，我接受了自己身体不好的事实，因此开始寻求心理咨询的帮助，尤其是借助认知行为疗法[1]。认知行为疗法让我认识到问题和我生病的时间，而我之前没有做好准备接受这些事情。我努力理解了倦怠到底是什么后，感觉它和其他病症差不多。突然，我觉得自己能够再次恢复健康——我能而且一定会没事的。对我来说，一大进步是接受自己的过去和过去发生的事情无法改变这一现实，但是我能改变将来。现在对我来说，活在当下和学会放手很重要。我不必为了被爱、被关心和快乐而控制自己、成为第一或拥有任何东西。

我的自我意识仍然存在且清晰，所以如果我对着镜子问自己"我有没有给孩子、客户、朋友和亲戚做个好榜样？"，若答案是"没有"，那么我就需要为此做点什么。我面临的最大挑战是处理大量信息，并基于心理、情绪和身体状况选择适合自己的东西。我不能依靠意志力来完成这些事情，而是需要找到一种方式彻底改变自己。

在内心深处，每个受苦的人都知道一个方法——寻求帮助！我百分百确定，有专业人士的正确指导、良好的家庭支

---

1　认知行为疗法（cognitive behavior therapy）是由 A. T. Beck 在20世纪60年代发展出的一种有结构、短程、认知取向的心理治疗方法，主要针对抑郁症、焦虑症等心理疾病和不合理认知导致的心理问题。它的主要着眼点放在患者不合理的认知问题上，通过改变患者对己、对人、对事的看法与态度来改变心理问题。

撑和生活目标，就一定有办法从倦怠中走出，不再受折磨。这不是什么让人感到内疚或难过的事情。你不弱小，相反，你很强大，因为你接受挑战，开始积极改变自己。

　　不要损害健康，因为快乐和健康比什么都重要。

# 第三章 身心健康

## 中枢神经系统

中枢神经系统由大脑和脊髓构成，是人体的指挥和控制中心。中枢神经系统通过连接周围神经系统的神经元与人体建立联系。人体受到刺激后，通过感受器传给感觉神经元，感觉神经元再传给运动神经元，从而在中枢神经系统内做出反应。其中一些反应被叫作反射，比如你的手靠近燃烧的火焰会引起缩手反射。想把手缩回来的反应是无意识的，不受控制的。

像人体的其他部分一样，中枢神经系统也会出故障。当中枢神经系统长期处于压力下，可能会发生神经衰弱（也称为精神崩溃）；而且神经衰弱也可能是由大脑中化学失衡导致，通常与血清素、去甲肾上腺素、多巴胺、乙酰胆碱和 γ－氨基丁酸[1]有关。担忧、慢性压力、恐惧、焦虑、紧张和恐慌都是神经衰弱的症状，也是倦怠的表现。可以说，倦怠就是大脑中的神经或突触罢工了。

## 应变稳态负荷

应变稳态是通过生理或行为改变实现稳态的过程。女性月经周期就是个很好的例子：身体每个月会经历一段时间的改变来调整自己。稳态的例子是核心体温：我们的身体通过放热或产热（出汗或发抖）保持体温恒定。

"应变稳态负荷"这一术语由布鲁斯·麦克尤恩（Bruce McEwen）博士提出，他是纽约洛克菲勒大学的神经科学教授。简单来说，应变稳态负荷是指人们由于反复和长期暴露在压力下，身体随时间推移而经历的损耗。有趣的是，并不是所有类型的压力都会引起相同的反应，所以压力的类型和你的应对方法很重要。

身体的每个系统都会受到应变稳态负荷的影响。起初，肾上腺素和皮质醇的产生会增强记忆力，在危险的时候让人们保持专

---

1　γ－氨基丁酸是一种化合物，别名4—氨基丁酸（γ－aminobutyric acid，简称GABA），是一种氨基酸，在脊椎动物、植物和微生物中广泛存在。

注。但是，反复的压力会导致神经元萎缩和记忆力受损，免疫系统也会受到影响，当压力较小时，免疫细胞会被运送到需要抵御病菌的身体部位，从而提高免疫功能。然而，慢性压力实际上会产生相反的效果，它会抑制免疫功能，导致人体患慢性病的风险增加。

## 压力与运动

压力是当今社会最大的生命杀手之一，如果任其发展会导致身体或精神崩溃、患病，出现家庭和人际关系问题、失业问题，甚至使人丧命。相比而言，压力让生活变得艰难、更具挑战性和更无趣已经是最好的结果了。现在，运动虽然无法直接对确切的事情提供帮助，比如如何解决工作中的难题、如何偿还抵押贷款、如何让孩子进入好学校念书、如何让人得到提拔，但是它能够帮助你改善精神状态，提升睡眠质量，进而令思维变得更加清晰。运动还帮助你理性地思考和交流，让你感觉更轻松、更能掌控自己的生活。此外，运动被证实可以抑制压力相关激素的产生，比如皮质醇，同时增加其他激素的分泌，比如血清素、肾上腺素和多巴胺，这些激素共同作用，让人更加乐观、愉悦和兴奋。制定运动计划、做好准备、去户外实施计划，无论是跑步、上体育课还是散步，都是有益的做法。仅仅是制定计划并坚持下去就已经让人感到高兴了。运动还能帮助你转移注意力，帮你从消极情绪中走出来，或者让你拥有一段私人时间，从而远离家务和工作。

## 焦虑、抑郁与运动

作为焦虑和抑郁治疗计划的一部分，运动的作用常被医学界低估，尽管如此，人们普遍认为运动对于帮助人们控制病情至关重要。在大脑区域（确切地说是腺垂体，它不是大脑的一部分，而是丘脑下部的卵圆形器官），不仅只有化学反应令人们感觉良好，还有物理反应帮助人们提升自尊感、自我价值感和掌控感。

## 大脑与运动

运动中和运动后（特别是有氧运动）会为大脑带来许多积极的变化。这些变化发生在大脑的不同区域，有时候即便你已经停止运动，但是依旧能感受到运动带来的好处。这些好处包括：

1. 增加大脑的血流量，有利于大脑健康。

2. 适应运动意味着大脑可以激活和抑制某些基因，增强大脑功能。

3. 得到改善的大脑功能可以降低患病风险，比如阿尔茨海默症、帕金森病、中风和认知衰退。

4.运动促进神经递质分泌，比如内啡肽、多巴胺、谷氨酸和血清素。

5.向大脑的海马体（负责学习和记忆）提供额外的氧气，帮助新的脑细胞生长。这个过程叫作神经发生[1]。即便你停止运动，这些新的细胞也会存活下来。

# 对比：处于压力下的大脑

和大脑受到运动影响的方式一样，大脑会受到压力的负面影响。压力是有害行为发生的导火索，比如过量饮酒、大量吸烟和过量服药，或者导致睡眠不佳、脱水。皮质醇被证实会损害和杀死海马体中的细胞，还有强有力的证据表明它会导致早衰。

# 睡眠

有些人很幸运，头一沾枕头就能睡着，但是与我交流过的大

---

1 神经发生是指神经元的生成。神经发生是由神经元干细胞增殖分化而成，大部分的神经发生是在胎儿发育阶段，神经发生负责将神经元密布于大脑中。

部分客户都有睡眠问题。在理想状态下，你每天应该有7—8个小时的高质量睡眠，最好是人处在完全黑暗的环境中，连续睡眠。很重要的一点是你睡觉的房间不能透光，不论是路灯、闹钟或电视上的 LED 灯、走廊灯、夜灯。睡眠与饮食和运动有内在联系，简单来说，如果你疲惫不堪，那么你就吃不好或者没力气，也不想运动（特别是在早期阶段）。如果你通过喝咖啡来对抗疲劳，这就意味着你依赖兴奋剂让自己保持活力，反而会加剧脱水程度。睡眠与良好的状态相辅相成：高质量的夜间睡眠会为你在办公室或董事会还有生活中的精彩表现做铺垫。运动是一种消耗能量的健康方式，这反过来会让你感觉筋疲力尽，从而早早入睡并且保证睡眠质量。

如果你有倒时差的需求，《新科学家》（New Scientist）杂志最近引用的一项研究对你来说可能是个好消息。日本山口大学的佐藤美帆和她的同事发现，在老鼠身上，饭后释放的胰岛素可以恢复被打乱的生物钟。显然，胰岛素会影响昼夜节律，从而影响睡眠、注意力和其他身体官能，所以我们可以运用食物影响胰岛素水平的方法来调整身体的生物钟。我们的中央生物钟每天随光重置，这一活动由大脑中被称为视交叉上核的部分发起。除了中央生物钟，我们的细胞中还有外围生物钟。佐藤美帆和她的团队认为，通过进食来调整生物钟是可能的。如果这一结论在人类研究中被证实，而你又有时差反应，那就是这一结论的反例。

# 情绪化饮食

焦虑、抑郁、自我价值感低和饮食的联系显而易见，而且也会在饮食过量和饮食过少的人身上有所体现。如果你自我感觉不好，就很容易选择糟糕的食物，或者通过吃东西缓解不适感，这是对坏消息、压力、焦虑、情绪低落或无聊的常见反应。注重饮食与营养，并将其作为自己运动计划的一部分，能够帮助我们更好地了解食物，以及它对我们身体和行为能力的影响。这反过来会让我们更好地选择食物，进而改善睡眠，提高身体机能，形成良性循环。

# 可预防性疾病

下表总结了体育运动在预防严重疾病方面的好处：

| 疾病 | 体育运动的作用 |
| --- | --- |
| 总体死亡率 | 运动质量越高，死亡率越低。 |
| 心血管疾病 | 日常体育锻炼能够降低心血管疾病，特别是冠状动脉粥样硬化性心脏病引起的死亡风险。 |
| 癌症 | 美国国家癌症研究所和英国癌症研究所大力提倡通过体育锻炼降低患癌风险。 |
| 骨关节炎 | 体育运动与关节损伤或骨关节炎的形成无关，对于患有骨关节炎的人来说，运动反而可以减少关节损伤，改善关节功能。 |

续表

| 疾病 | 体育运动的作用 |
|---|---|
| 骨质疏松症 | 负重体育运动可以减少因年龄增加而导致的骨质流失。 |
| 跌倒 | 体育锻炼和力量训练可以降低老年人跌倒的风险。 |
| 肥胖 | 不运动会导致肥胖。体育运动可能会对身体脂肪的分布产生有利影响。即使没有减重，经常运动也可以预防心血管疾病。 |
| Ⅱ型糖尿病[1] | 医生建议非胰岛素依赖型糖尿病患者进行体育锻炼，因为运动会增加身体对胰岛素的敏感性。 |
| 心理健康 | 体育运动似乎有助于缓解抑郁和焦虑，从而改善情绪。它还能降低人们患抑郁症的风险。 |
| 健康相关的生活品质 | 运动可以通过促进心理健康和改善身体机能来提高生活质量。 |

# 疼痛之谜

患有倦怠症、抑郁症或被慢性压力困扰的人身上，有许多症状在医学上无法解释。这些症状包括肠易激综合征[2]、呼吸短促、

---

1　Ⅱ型糖尿病（type 2 diabetes mellitus，T2DM）是一种慢性代谢疾病，多在35—40岁之后发病，占糖尿病患者90%以上。

2　肠易激综合征（Irritable Bowel Syndrome，IBS）是一种常见的功能性肠病，以腹痛或腹部不适为主要症状，排便后可改善，常伴有排便习惯改变，缺乏解释症状的形态学和生化学异常。

发抖、胸痛、肌肉疼痛、潮热（发作）、精神运动性激越[1]（躁动不安）和慢性背痛。这些症状常常令人感到苦恼，因为除了症状带来的不适或疼痛，无法找到病因也令人非常担忧。通常情况下，症状出现的背后会有更深层的原因。比如，慢性背痛和抑郁有直接联系，一项研究显示，患有慢性背痛的人患重度抑郁症的概率是正常人的 4 倍。[2]

姿势直接影响呼吸。如果你趴着，就会压到胸部，妨碍肺的扩张。呼吸短浅意味着氧气与二氧化碳交换效率变低，会导致全身疼痛。压力以多种方式在身体中显现，通常第一个信号或者标志就出现在身体上，相关症状包括：牙齿咬合时疼痛、头痛、颤抖、肌肉痉挛、失眠、疲惫、虚弱、疲劳、胃灼热、胃痛、呼吸困难。此外，压力还会导致人们更加谨慎，绷紧身体，这可能意味着要保持保护性的姿势，双臂交叉、肩膀抬高、抱膝蹲下、躯干弯曲。这种姿势压迫内部器官，进而减少血液循环，导致肌肉、关节和神经疼痛。

---

1　精神运动性激越（Psychomotor agitation）的患者表现为思维跳跃混乱，大脑处于紧张状态，其思维毫无条理、毫无目的，行动上则表现为紧张不安、烦躁激越，甚至动作失控。

2　沙利文（Sullivan），1992。

# 错误的自我药疗（香烟、酒精）

如果你吸烟，那么对吸烟产生的有害影响和潜在的致命影响应该都了如指掌，估计不用在此赘述了。如果你偶尔产生质疑，那就去网站上搜索"吸烟如何影响呼吸系统"，就会知道答案。

过量饮酒会损害身体中的每个器官，从大脑到胃，再到肝。有些对大脑的损伤是不可逆转的。想在宿醉后继续工作，不仅会给心脏带来压力，还会在身体努力将毒素（酒精）排出体外时给身体增加额外的负担，导致身体不能保持最佳状态。在情绪上，酗酒会导致精神问题，还会造成抑郁或自卑。酒精具有镇静催眠的作用，换句话说，酒精作为一种"镇静药"，会抑制中枢神经系统的活动。而且在初期，它会制造焦虑减少和催眠的假象，但实际结果却恰恰相反。

## 营养和均衡膳食

膳食均衡对心理健康、身材匀称和心脏健康来说至关重要。在饮食中，最理想的营养搭配包含膳食纤维、维生素和矿物质（微量营养素），还有被称为宏量营养素的食物能量，比如碳水化合物、油脂和蛋白质。这些宏量营养素有时会招致抨击，因为有些人通常把脂肪与坏脂肪、体重增加、心脏病和肥胖联系在一起。事实上尽管不是所有形式的脂肪都有益，但在日常饮食中摄入一些脂肪对我们来说是必不可少的，因为保持平衡才是关键。我认为，任何饮食都不应该完全排除某种宏量营养素，我们需在饮食中平衡脂肪、蛋白质和碳水化合物的比例，同时还要有充足的水分和优质的微量营养素来源。

营养常常被忙碌的人们忽略。但是饮食事关你的表现和内在、外在状态。锻炼大脑和身体时，食物就是燃料。最常用的比喻是汽车，就像你不会在汽车的油箱里装满马桶水，并期望它能带你在高速公路上行驶 97 公里一样，在繁忙的工作周，你也不能指望可乐和垃圾食品在 5 公里"工作长跑"中为你提供能量，或帮助你延年益寿。你怎样对待身体，身体就会给你怎样的反馈。如果你在一开始就给身体提供所需的营养和适当的热量，那么你会对身体能够做到的事情感到惊喜。作为本书的一个研究案例，克尔·泰勒（Ker Tyler）使用了"商业运动员"这一术语，我很喜欢。一位专业（或者即使是娱乐性的）运动员不会忽视营养和训练的任何方面，高管也一样，如果你想表现出色，就需要充分训练，坚持实施营养计划。

# 体重管理

急剧减少饮食会让你无法长时间工作，在饥饿效应[1]的影响下，身体受到刺激储存脂肪，可能还会导致某种营养素流失，而这种营养素在一定程度上影响着身体健康。饥饿效应是热量摄入突然大幅减少的结果，瘦素[2]给大脑的下丘脑发送信号——身体吸收的能量不够，然后下丘脑通过储存以脂肪组织形式存在的能量做出反应，同时开始通过减少需要能量的肌肉组织的肌肉体积来降低其每日的热量需求。所以你开始消耗肌肉来获取能量、储存脂肪，这与大多数人在节食时的目标恰恰相反。对大多数人来说，这听起来特别不健康——因为事实就是如此，而且这也是一种尝试减肥的不良方式：持续饥饿加上没有减肥结果带来的失落，或

---

1　人体的大脑只能以血液中的葡萄糖（血糖）作为能量来源，一旦发生血糖过低的现象，大脑便会立即发出饥饿指令，命令身体赶快进食，让血糖恢复，以维持大脑的正常运作。这种明明吃饱却又感觉饥饿的现象，会让人不自觉地吃进更多食物，导致体重暴增，也让血糖如同云霄飞车一样忽高忽低，造成身体经常处于一种莫名的饥饿状态，这种现象被称为"饥饿效应"。

2　瘦素（Leptin），又名肥胖荷尔蒙，是一种新近发现的蛋白质荷尔蒙。它的功用是加快生物的新陈代谢，抑制食欲，控制体重。缺乏瘦素信号，会让大脑误认为身体缺乏能量，就会命令我们进食，并尽量减少消耗，以保存大脑认为已经很少的能量，来维持基本生存需要，结果就是本来就胖的身体变得更加胖！长期暴饮暴食，长期节食，或者大量摄入精制碳水化合物都会导致瘦素功能紊乱；缓慢进食则有助于维持正常水平的瘦素。

有可能导致体重增加。

以下是一些关于饮食的注意事项：

1. 保证饮食均衡，摄入水果、蔬菜、瘦肉、奶制品及油性鱼类。

2. 检查早餐麦片的成分，特别是盐和糖的含量。很多麦片营养价值低，所以要注意其营养成分。

3. 食用全麦面包而不是白面包，避免食用含有反式脂肪和饱和脂肪的人造黄油。选择食用有机黄油。

4. 烹饪时，使用新鲜食材，而不是购买即食食品或半成品。

5. 避免摄入精制碳水化合物，比如白面包、白米、白面、蛋糕、饼干和点心。

6. 多喝水——每天两升。

7. 尽量减少摄入饱和脂肪和氢化脂肪。

8. 不能忽视早餐——这是一天中最重要的一餐！

9. 尽量购买新鲜的本地有机农产品。

10. 每天摄入的盐分不超过 6 克。

11. 不喝碳酸饮料——它们含有大量糖分、添加剂和热量。

12. 饮酒适量。如果饮酒，就必须多喝水。

13. 注重补充多种维生素——现在大多数食物不含我们日常需要的维生素和矿物质，因此每天适量服用维生素可以确保你获得日常所需的营养。

14. 检查并注意食物的含糖量。

关于糖，我要多说几句。食物中的糖分含量往往很高，特别是加工食品（即食食品）以及低脂和低热量食品。有时，糖分隐藏在添加剂中，比如阿斯巴甜和安赛蜜，它们只是糖的别称。你最好选择购买全脂食品，然后少吃一些。许多人遇到过"糖反弹"现象，这与糖摄入量的多少有关。众所周知，糖还会导致蛀牙，而且它含有的"死亡"热量没有任何营养价值。

关于这一主题还有很多内容，但如果你想延长寿命、改善健康，重点是认识到健康饮食不是一种选择。在健康饮食的同时，你仍然可以热爱美食，但要注意不要让时间——或者更具体地说，让没有时间成为做出不合理食物选择的"合理"借口。为了找到更健康的食物，你可能需要提前计划，或者加深研究，但这绝对值得投入时间。

## 案例研究：瑞秋

我认识瑞秋（Rachel）两年多了，她既是我的客户也是我的朋友。她的故事是一个很好的例子，能够说明忽视慢性压力的信号最终会导致身体的承受能力达到上限。我觉得瑞秋的故事十分鼓舞人心，也具有警示作用，能在许多地方让我们产生共鸣。

瑞秋自述：

足足 15 年的时间，我都在压力大和充满"最后期限"的环境中工作。后来，我去亚洲工作，负责多个国际项目，有时最多要同时监督三个大洲的小组工作。我常常每天工作超过12个小时，飞来飞去，每晚睡眠不足6个小时已经成为我的常态。尽管工作日程安排很满，但我感觉自己似乎很享受这样的生活，因为我发觉自己有压力之后更有动力了，而且发现自己如果离开了各种"最后期限"就很难工作。我的社交十分活跃，我会把大部分时间花在酒吧里，似乎也的确乐在其中。我经常旅行和休假，所以我认为自己把"努力工作，尽情娱乐"这条原则实践得很好，因此我真的很开心、很快乐。

家人和密友有时认为我压力很大，但我没"感觉"有压力，因为在我这里，压力意味着紧张和拘谨。后来，我逐渐意识到自己周末外出社交后会感觉筋疲力尽，并且觉得有必要在假期中充分休息。尽管我十分享受工作和社交活动，但是如果我把全部时间用在这些事情上面，就无法做其他事情了。我几乎不运动，参加工作之外也没有任何有意义的活动，并把原因归咎于自己没有时间。

2007年12月，我的背部出问题了。第一天还好，第二天我就起不来床了，因为一起来就很痛，再之后我没法走路了。医疗检查结果是我的脊柱下部椎间盘突出——原因是坐得太久、肥胖和不运动。我的生活方式是努力工作之后用美食、美酒和熬夜来犒赏自己，但这种做法却种下恶果。

我在医院待了几个星期，做了背部手术。术后，医生告诉我，我很幸运没有失去腿部功能，因为我的坐骨神经受到的压力太大了。在这之后是一段漫长的恢复期：我大约三个月没有工作，开始慢慢试着用正常速度走路。尽管手术十分成功，但除了一些有限的物理疗法，几乎没有其他后续治疗。我发现，要想完全恢复，必须自力更生，比如找一位健身教练，带领我做温和的运动。我不记得有医生跟我谈论过我的整体生活方式、压力或者任何可能与这次生病有关的心理健康因素，但是在这段康复期，我认真反思了自己，意识到尽管生活繁忙有趣，事业成功，但我却非常不健康，不仅体重超重而且疲惫不堪，所以结果就是特别容易生病，而事实证明，我真的很虚弱。

事后一想，之前我的身体确实出现了一些警告信号，告诉我它出问题了。2005 年，我感染了十分严重的肺部疾病，住院两周左右接受治疗，然后又休息了几个月（没有工作）。这可能与我生活在亚洲污染严重的地区有关，但是我忙乱的生活也没起到好作用。我没有注意身体，也没有做有利于改善健康的活动，反而在恢复之后立即投入到忙碌的工作中，还搬到了其他城市，承担更有挑战性的工作。

之后的几年中，我常常生病：反复感冒，鼻窦发炎，患上肠胃炎和肾脏感染。即便在我没有生病的时候，我有时也感觉自己需要待在家里，充分休息后才能从工作和社交中恢复活力。我把生病归咎于空气污染，还有就是工作有时太辛苦，但我没有停止并思考生病背后可能存在的根本性问题。（事实上，我有遗传性免疫缺陷，不过现在已经得到控制，但是否与生活方式有关还尚未可知，这很可能是我经常生病的原因。我现在的生活节奏似乎也很奇怪，但是反复生病并没有引起我更多的重视。）

奇怪的是，即使在做完背部手术后，我仍然不会承认自己疲惫不堪。不过，我很幸运，没有经历各种类型的心理健康疾病，除了有时易怒和需要常常休息。但是，在身体出问题后，我开始意识到自己的生活方式的确不合理。回想之前，我能控制住的似乎只剩自己的情绪了，所以后面身体出问题就是我为释放压力而选择了不良生活方式的严重后果。

我的身体问题带来了一场危机，不过谢天谢地我对此采取了积极行动。我的观念是让自己变得更加健康，从背部疾病中康复，一旦康复，我就会下定决心一直坚持更加平衡和健康的生活方式。在我动手术和康复期间，我的老板、家人和朋友都给予了我极大的支持。而且当我重新回到工作岗位后，我非常严格地控制工作时间，为运动留出时间，尽可能营造压力较小的工作环境。我很庆幸自己的职位对工作环境有高度控制权，能自己推动一些改变，而不是依靠别人。

康复最关键的就是要意识到问题，这比意识到自己需要注意身体健康还要重要，因为意识到问题就代表着知道自己需要彻底转变现在的生活方式——正是由于我的身体出现问题，才让我意识到了这一点。漫长的康复期让我有大把时间反思过去。在我做完背部手术后不到三年的时间里，我在慢慢改变，但我觉得是时候彻底改变了，于是我辞掉工作准备休息一年，就在这一年，我外出旅行，感受大千世界的奇妙与美好。现在的我，生活方式与之前截然不同：时常运动，花更多时间与家人和朋友在一起（这不仅仅是基于吃喝的旋风式社交生活），参与社区活动，工作不再占据主导地位。我的体重比2007年减少了19千克，而且通常我每晚至少能睡7.5个小时。

现在，我对自己每天的健康状况越来越了解，也能够感觉到自己什么时候有压力。我知道自己可能需要一直关注性格中的一些东西，比如，我不想错过任何事情，所以会把时间安排得很满，结果导致自己忙得团团转，或者发现自己把一切安排妥当后已经是深夜了。如果工作有最后期限，我会完成得很好，但有时没有最后期限的话，我发现自己很难有动力完成工作。"最后期限"对我来说十分有用，因为有了它，我工作完成得就会很顺利；但是它也很容易打破平衡，让人压力过大。我对自己的期望值很高，这就导致我常常让自己承受不必要的压力，而且如果有人告诉我，我不能做某件事，但我会认为自己能做到，之后我就像公牛遇到红布一样，拼尽全力做好这件事，力图证明他们说错了。这些想法虽然没有得到根本改变，但是我现在有了更清晰的认知，也会采取一些方法减少或者管理由此产生的压力——有时这意味着接受"我不能做我想做的一切"这一现实。为了恢复健康，我迈出的每一步都至关重要。虽然我已经迈出了许多步，但都是从小事开始的。最重要的是开启和坚持一项十分温和的运动，在我力所能及后，我会逐渐加大运动量。对我来说，私人教练不可或缺，为自己制定目标也必不可少。起初，我的目标是以正常速度走路，之后减掉一些重量，提升整体健康水平；过了一段时间，我把目标设定为跑步 30 分钟，借助一个简单的走路跑步程序；然后，我的下一个目标是跑半程马拉松。

运动绝对是一个好方法，让我继续控制压力水平，避免倦怠风险。自从我动了背部手术（包括我被诊断有免疫缺陷）之后，我面临着许多挑战，是运动把我从中解救出来。运动带来的身体健康能让我的恢复能力更强，运动还能对思维带来极大好处，让我有时间思考，比如我常常在长跑或骑自行车时思考。我发现自己运动后想吃营养价值高的食物，所以饮食健康变得更加容易了，并且运动代谢的内啡肽还会带给我快乐。

敞开心扉、表达自己是非常宝贵的，比如，在适当的时候咨询教练或顾问，或者对朋友和知己讲述自己遇到的问题。手术后的那年，我一直在思考两个问题：什么东西对我来说很重要；我的生活方式为何与自己看重的东西不一致。关于自己的"价值观"和"需求"，我做了激烈的思想斗争，之后我开始对自己的优先事项做出改变。我在一位生命导师的指导下完成这一改变的过程，我发现他对我的帮助很大。我开始积极地做自己认为重要的事情，而且这些事情与工作无关。

改变事情的优先级，做一些能真正带给我快乐且有利于身体健康的事情，而不只是那些让人一时快乐或兴奋的事情。

我读过许多书，它们涉及健康、快乐、管理压力、平衡生活的负担，我也花时间思考了很多关于这些方面的内容。我会不时地审视自己的价值观和需求，主动思考能带给我能量的东西，以及我现在的生活方式是否令自己感到满足。

对那些有着慢性压力或者被倦怠折磨的人，我的第一条建议是注意身体健康。因为压力的信号会通过身体显示出来，而且注意身体健康也会改善心理健康。这并不意味着你要成为一名马拉松选手，但是要找到并理解身体所需的东西，思考你能为此做些什么。想想你的整体饮食，你是否通过吃糖或者喝酒来释放压力或者对它们形成依赖了？也许你可以重新考虑犒赏自己的方式或重新调整减压方式。

看看你是否能找到一种反思生活的方法。考虑以下问题：你的价值观是什么？你的生活方式与价值观契合吗？如果不契合，你想做出什么改变来让自己的生活方式与价值观相契合呢？你是否把时间和精力放在对自己不重要的事情上？如果是这样，你会如何重新安排优先事项呢？有什么事情可以放手吗？

你能一步步做出改变吗？当然，一开始就做出重大改变是很难的，但是我发现做出一些小改变能够在相对短的时间内产生滚雪球效应，不断累积，最终就会带来巨大转变。

# 第四章　疗愈过程

心理学家为观众讲授压力管理的方法时，围着房间走了一圈。她拿起一杯水，每个人都期望被问及"半满或半空"[1]的问题。但恰恰相反，她笑了笑，问大家："这杯水有多重？"大家的答案从227克到567克不等。

她回复说："它的真实重量并不重要，其实我所感受到的重量取决于我举起这杯水的时间。如果我只举了1分钟，那就不算什么；如果我举了1个小时，我的胳膊就会痛；如果我举了1天，我的胳膊就会麻木甚至瘫痪。在不同情况下，一杯水的重量并未改变，但是我举的时间越长，就感觉这杯水越重。"

她继续说："生活中的压力和担忧就如同这杯水。它们在我们头脑中一闪而过并不会带来严重的后果；但如果想的时间再长一些，它们就开始伤害身体了；甚至如果你一整天都在想它们，你

---

1　玻璃杯是半空还是半满？这个常见说法一般用来表明一种特殊的情况：可能是乐观（半满）或是悲观（半空）的原因。这个问题可以用作通用测试方法，来简单判定一个人的世界观。

就会感到寸步难行——无法做任何事情。"所以，我们都要记得把"水杯"放下来。走出倦怠往往需要不同的康复方法和策略，但这取决于你的出发点、喜欢的事物和与当时的情况是否符合。下面是一些对我来说有用的方法（而且现在仍然有效）：

1. 锻炼——通过运动增强力量。

2. 冥想。

3. 正念与专注当下。

4. 学会放松。

5. 瑜伽。

6. 放声大笑。

7. 摆出高能量姿势。

8. 享受安静。

9. 远离社交媒体。

10. 远离智能手机。

11. 少看新闻。

## 锻炼——通过运动增强力量

锻炼是你恢复健康的重要途径，但是有两个条件。第一，选择类型合适和强度适中的运动。在运动中，你的神经系统会变兴奋，所以高强度的运动是非常不适合的。第二，与运动，或者更具体地说，与日常运动相结合是最有效的锻炼方式，这包括散步、避免久坐、尽可能站立、爬楼梯和保持低强度运动。所以这样看来，运动强度适中，再加上健康、平衡和合理的饮食，对于保持健康来说至关重要。我努力帮助我的客户意识到这一点，并让他们在生活中注意。

下面是锻炼身体带来的主要好处：

## 心理健康方面

1. 产生内啡肽（一种让人"感觉良好"的激素）。

2. 产生去甲肾上腺素（可以调节大脑对压力的反应）。

3. 产生多巴胺（帮助你在多巴胺成瘾后建立新的平衡）。

4. 通过创造新的脑细胞（神经发生）来增强大脑功能。

5. 增强创造力，防止认知能力下降。

6. 如果在户外，那就尽情呼吸新鲜空气，（潜在）增加维生素$D_3$、褪黑素和血清素。

## 身体健康方面

1. 增强心肺功能。

2. 增强肌肉、肌腱、关节和韧带功能。

3. 增加能量。

4. 管理体重（即使是走路，带来的减肥效果也不容小觑）。

5. 改善姿势。

6. 降低患慢性病的风险。

7. 改善睡眠质量并帮助我们重新调整昼夜节律。

8. 产生让人感觉良好的激素。

## 增强心血管功能

定期锻炼将为心血管系统带来改变。"Cardio"的含义与心脏有关，"vascular"的含义与血管有关，因而组成了"Cardiovascular"心血管一词，由此表示心血管会影响心脏和血液。

有氧训练，比如循环训练法[1]，包括慢跑和拳击，主要会增大心脏肌肉，这就意味着你的心脏能够向身体输送更多血液——也就是众所周知的增加心输出量，即心脏每次收缩时的输血量乘以每分钟的心率。心输出量会随着健康水平的提高而得到极大改善。

我之前提到过，你越来越健康时，静息心率[2]会逐渐放缓，血

---

1　循环训练法是日常健身运动训练方法之一。运动员按规定顺序、路线，依次循环完成每站所规定的练习内容和要求的训练方法，能够增强力量、强健肌肉，可以在不增加体重的情况下，相对增强肌肉数量。

2　静息心率，又称为安静心率，是指在清醒、不活动的安静状态下，每分钟心跳的次数。（依靠运动使心功能得到锻炼、保持适当体重、戒烟与限酒等均可使静息心率保持在一个相对缓慢而稳定的区间。）

管也将逐步扩张，输送更多血液。最终，你锻炼身体时，更多的氧气能被输送到肌肉。坚持一段相对短时间的定期锻炼后，血压会变得更低，但实际上你体内的血量增加了。

## 改善呼吸

定期运动帮助增强肺功能，所以肺部变得更强大，你也会变得更健康，肺部为血液输送氧气和去除二氧化碳的效率变得更高。高强度的有氧运动能够专门提高肺活量，让你能够运动更长时间。

## 促进新陈代谢

你变得健康后，基础代谢率[1]也会随之提高。基础代谢率是你休息时身体消耗的能量。所以在运动之后，无论你做什么，或即便你坐着不动都会比运动前消耗更多能量。其实，即便是在休息，你身体的代谢也会更加高效，在锻炼的时候也会变得更有效率。除此之外，消耗脂肪的效率也会提高，还能减少胰岛素抵抗

---

1　基础代谢率是指人体在清醒而又极端安静的状态下，不受肌肉活动、环境温度、食物及精神紧张等影响时的能量代谢率。

的风险，改善葡萄糖耐受度——这对于预防 II 型糖尿病来说至关重要。

### 强壮肌肉

有氧运动以及力量训练会增强肌肉的结实度，这取决于你的目标。举重，通常被称为抗阻训练，可以帮助你锻炼韧带和肌腱，显著提高骨密度和骨骼强度，还能预防老年病，比如骨质疏松症。另外，还有一些积极的神经因素和生化因素与抗阻训练相关。

## 冥想

我常常和曾经历过职场倦怠的领导一起工作，冥想对于他们来说十分陌生，还有很多人认为冥想极其艰难。倦怠的部分原因是身体不知道如何停止工作和如何休息。练习冥想很简单，就是学会静止和安静，让身体有时间恢复平衡，回到平静的状态。很多人对冥想和冥想的含义有成见，其实当我第一次听说"冥想"的时候，也对它不屑一顾，认为它不值得我花费时间，或者我根本不需要它。事实上，每个人都能从冥想中获益，即便每天只花 10 分钟。对冥想的另一个错误认识是认为冥想状态就是在引导下进入 20 分钟的梦幻状态，或者仅仅以佛陀的姿势坐着，或者进入催眠状态，想象自己与海豚一起游泳。

　　冥想于我而言，就是花些时间，哪怕只有几分钟，思考自己的身体和正在发生的事情，其他什么都不想。你的思绪是静止的而且是封闭的，最好的开始方式是专注呼吸。许多年前，我参加了一个销售培训，销售总监让我们所有人安静地坐几分钟，然后把我们听到的噪音记录下来。几乎每个人记录下来的噪音都是一样的：红绿灯闪烁的声音，边走路边打电话的行人的声音，人行道上足球的滚动声音，拖动椅子的声音，衣服的摩擦声，等等。但房间里明明超过 100 人，却没有一个人写下听到了自己的呼吸声，尽管呼吸声是离自己最近的声音。这是因为呼吸是我们的自然反应，我们对此习以为常，因而听不到它的声音。冥想就是要让你把自己的注意力放到呼吸上，关注自己。同样，没有一个销售人员在会议中注意到自己的呼吸，因为他们关注的是外部的白噪声[1]。如果你关注自己的呼吸，就会自动屏蔽周边的白噪声，这样你就能完全集中精力。关于冥想和心态　苹果公司的前总裁乔布斯曾说：

---

1　白噪声（white noise）是指一段声音中频率分量的功率在整个可听范围（20Hz－20kHz）内都是均匀的。白噪声其实很接近胎儿在母亲体内听到的那些声音。播放白噪声不仅能够获得放松、专注的体验，还能提高学习和工作效率，促进睡眠。

如果你只是坐下来，然后观察，你的思绪其实是躁动不安的。这时，如果你尝试平静下来，结果只会变得更糟；但随着时间推移平静下来……你的思绪放缓，然后在那一刻你会感受到一个巨大的空间，也会比之前看到更多东西。

我发现在安静的地方阅读也能够促进心理康复；躺下来，闭上眼睛也能起作用。这是为了让心静下来，花时间考虑自己的感受，只要你能切断与外界的联系，现在是何时、你在何地以及干什么并不重要。运动员等待上场之前，由于他们周围的噪音很大，所以人们经常能看到他们冥想，进行视觉训练。我们也去试试冥想吧。

在某种程度上，所有冥想的形式都会引起"放松反应"，这个术语由哈佛医学院心脏病专家赫伯特·本森（Herbert Benson）创造。放松反应与压力反应相对，描述了一种活动或状态对副交感神经系统的影响。副交感神经系统控制我们休息和消化的基本过程，维持体内平衡。这一过程会减缓呼吸频率和心率，降低代谢率，减少分泌与压力相关的皮质醇，增加大脑血流量，同时促使左前额叶更加活跃，增强免疫系统，提升幸福感。通过集中和坚定的冥想练习，你能有很多收获，而这些收获你只需花10分钟或20分钟就能得到。现在想象一下，你压力很大、十分焦虑或疲惫不堪时，如果我用缓解甚至减少30%的精神负担，来换取你20分钟的全神贯注，你接受吗？这就是冥想的意义。

## 正念与专注当下

"正念"一词越来越常见，甚至有很多课程教我们如何正念。正念不仅仅是在讲意识，还与完全意识和专注当下有关。我在做某件事的时候经常发现自己沉浸在"自我"中，还会思考其他事情。我还经常发现自己的思绪飘回过去，飘向未来，而现实和正念需要你有意识地活在当下。下面的内容来自阿里安娜·赫芬顿的优秀作品——《茁壮成长》（*Thrive*）：

> 正念，不仅关乎我们的思想，还关乎我们的身心整体。当我们全神贯注，事情会变得僵化；当我们全心投入，事情会变得混乱。这两种情况都会产生压力，但是，把二者结合在一起，心灵会引导我们富有同理心，思想能引导我们保持专注，我们的身心整体就会变得和谐。我发现正念能够帮助我在最繁忙的时候都能专注当下。

越来越多的公司意识到让员工免遭压力之苦的必要性。谷歌可能是最早以切实方式关注员工健康的公司之一：从 2007 年开始，各级员工都能报名参加名为"探索内在自己"的正念项目；此外，谷歌还建议包括高管在内的所有员工练习正念行走，并为他们提供正念午餐。易贝（eBay）和《赫芬顿邮报》为所有员工提供冥想室，英格兰银行尝试举行"工作生活研讨会"，关注员工的健康问题。

安迪·普迪科姆（Andy Puddicombe）是应用软件 Head-space 的联合创始人，这款智能手机应用软件为用户提供简易方便的冥想技巧，从而帮助客户改善身心健康。普迪科姆曾接到瑞信集团、毕马威会计师事务所和德勤会计师事务所的合作邀请。他说：

> 我们变得更快乐和更健康后，效率会更高，合作和关系更加稳定，还会激发创造力，而每个企业都追求创新。

伦敦大学学院与一家国际科技巨头和一家制药企业协作开展的一项研究表明，每天使用 Head-space 软件可以降低舒张压。

我最近听到有人说，在未来，是否注重高管和员工的健康，将会成为公司的主要差异化因素。赫芬顿曾在一篇博文中写道：

> 现在经济萧条。压力减轻和正念不仅仅会令我们更加开心健康，而且对于任何企业来说，它们都是经得起考验的竞争优势。

现在，越来越多的公司招聘顶尖人才时，除了承诺丰厚的经济回报，还注重提升员工的生活质量。拥有弹性工作时间与地点，提供正念课程，允许工作日有运动时间和制定一套鼓励平衡工作与生活的健全的公司政策，符合上述几点的企业将在竞争中脱颖而出。

现在的趋势是员工似乎越来越不注重高收入，转而重视公司所能提供的生活方面的福利，这令人欣喜。美国一家做招聘和企业点评的公司 Glassdoor 近期发布的一项研究称，让人们感到幸福的薪资水平大约是每年收入 5.5 万英镑，更多的钱只会导致幸福感逐渐降低。越来越多的人开始衡量自主创业的利弊，有些人认为自主创业值得冒风险。英国国家统计局发布的数据显示，2015年 8 月，自主创业的人数比过去 40 年的总数还要高。

在美国，为员工提供冥想和其他健康课程的企业在某种程度上支出的医疗费用相对较少。现在看来，这一巧妙做法的核心是为高管创造积极、平衡、互助、和谐的工作环境。企业提供冥想和正念课程，创造有利于高管保持健康的环境，能够让他们保持恢复能力，因为归根结底，恢复能力比他们愿意加班或者为达到业绩牺牲身体更重要。

不仅企业开始意识到正念是成功和拥有最佳业绩的必经之路，还有许多运动员也将正念纳入自己的训练中。

诺瓦克·德约科维奇（Novak Djokovic）（在撰写本书时）是男子网球巡回赛中排名第一的运动员。他不仅仅关注球场和健身房里的练习，还在训练和备赛的每一方面都花费了巨大精力。此外，他花了很多时间从事营养研究（他是无麸质饮食的坚定支持者），还为身体冰敷、按摩，使用物理疗法让身体恢复健康。同时，他高度自律，严格遵守睡眠和饮水的养生之道。

我一直注重保养身体和大脑，所以才有了这一套全面的方法。我常常想，这对于我的网球事业极为重要。

他还会花很多时间思考如何让自己的心理保持健康。和大多数运动一样，网球比赛的输赢依赖大脑，事实上，比赛输赢还和身体的许多因素相关。你是否曾经输掉过你原本能赢的比赛或者搞砸了你期望很高的工作？有时，某种心理因素作祟，使我们失去赢的机会，所以为了帮助自己成功，德约科维奇一直倡导和践行正念。在《德约科维奇：一发制胜》一书中，他写道：

我意识到自己有许多负能量的想法在大脑中迅速闪过。所以当我后退一步，客观地看待自己的想法，就发现它们清晰地展现在我面前：大量的负面情绪，包括自我怀疑，愤怒，担忧自己的人生和家庭，担心自己做得不够好，担心训练错误，担心未来比赛中的打法不当，担心自己浪费时间和潜力。另外，还有一些小的争执：你和那些根本没见过的人为了一些永远不会出现的话题，发生了假想的争吵。

不是只有德约科维奇使用冥想改变自己：

在我生命中，冥想比任何事情都重要，它是使我取得成功的最重要因素。

——瑞·达利欧（Ray Dalio），亿万富翁，世界头号对冲基金——桥水基金的创始人

它似乎能重启你的大脑和灵魂，让你在这之后回复邮件时更加冷静。

——伍丝丽（Padmasree Warrior）[1]，思科公司首席技术官

我走出教室，感觉比进教室之前更充实。这时的我心怀希望、心满意足、深感喜悦。我确信，即使每天我们被各种事情疯狂轰炸，但仍然能享受冥想带来的持久平静。只有从那个空间中，你才能创作最优秀的作品，拥有最美好的生活。

——奥普拉·温弗瑞（Oprah Winfrey），在爱荷华州冥想后，成为哈普娱乐集团（女）董事长兼首席执行官

如果你练习冥想，开会时的效率就会更高。冥想帮助你更加专注地完成工作。

——罗伯特·斯蒂勒（Robert Stiller），绿山咖啡烘焙公司首席执行官

---

1　"Padmasree Warrior"的完整译名为帕德马斯里·沃里奥，常见翻译则是"伍丝丽"，她可能是为便于让中国朋友熟知、打开中国市场而给自己起了一个中国化的名字。

其他著名的高管也开始注意到正念的力量，包括新闻集团董事长兼行政总裁鲁伯特·默多克（Rupert Murdoch）、Salesforce 公司首席执行官马克·贝尼奥夫（Marc Benioff）和福特汽车公司董事长比尔·福特（Bill Ford）。

史蒂夫·彼得斯（Steve Peters）教授是著名的运动心理学专家，曾为世界著名斯诺克球手罗尼·奥沙利文，利物浦足球俱乐部、场地自行车女车手维多利亚·彭德尔顿和男子自行车运动员克里斯·霍伊爵士等人提供帮助。我常常向我的客户推荐他的杰出著作《黑猩猩悖论》（*The Chimp Paradox*），因为他使用书中类似的技巧帮助运动员达到最佳状态。

## 学会放松

放松有多种方式，适用于一个人的放松技巧不一定在另一个人的身上也适用。所以，我们可以尝试不同的放松方式，包括沐浴、散步或练习呼吸。找到自己的放松方式，然后把它作为自己每天的待办事项。在寻找过程中，你可能会惊讶地发现某项运动可以放松自己。如果这项运动能让你暂时切断与外界的联系，我认为这很好，而且重要的是它不会让你感觉压力很大。如果你选择的运动是拳击而且你恰巧十分争强好胜，那么这项运动可能就不是你理想的锻炼方式（至少在我讨论的这个语境下不合适）。

## 瑜伽

几年前，我初次接触瑜伽。以前，我对它的成见让我忽视了它的好处。当我开始跟随当地的一名老师埃莉每周上瑜伽课后，我的看法转变了。瑜伽不仅令人放松，还能强身健体，让人平静下来；它还有很多舒展体式，这是很多人真正需要练习的。大多数高管的时间被安排得满满当当，即便他们很想锻炼，大多数时间也只能坐在办公桌前或车里。久坐对身体有害，导致出现一些常见症状：肌肉和结缔组织紧张、腿筋缩短、髋屈肌紧张、圆肩和脊柱后凸（上背部弯曲）。练习 60 分钟或 90 分钟的瑜伽能够缓解这些症状，总之，让身体有疼痛感就对了。

我问埃莉，瑜伽对慢性压力有什么影响。"如果你受到慢性压力困扰，瑜伽能给你带来很多好处。把注意力集中在瑜伽体式和呼吸上，通过结合二者让我们感知当下。如果你坐在垫子上，那就专注于保持战士式，这样头脑中就没有空间用于'担心'。在练习瑜伽的过程中，要注重呼吸——可以深吸一口气到腹部，控制呼气，或者只是把注意力放在自己的呼吸上，平稳情绪。练习瑜伽能够让你更加关注自己的身体、情绪，认识和承认压力是控制压力的第一步。"

我刚开始练瑜伽时，面临的困难是学会放松，并让大脑平静下来。我的客户也面临着同样的问题，他们明明最需要放松，但通常却认为自己无法腾出时间静静地躺着、放松或花 1 个小时舒展身体。我的职责就是对这种想法提出质疑，并鼓励客户尝试放松。埃莉对此表示赞同：

> 允许自己不做任何事情，只是躺下来，放松自己，这对于习惯一直忙碌或者常常一次性处理很多事情的人来说是个巨大的挑战。我们边做晚饭边查收邮件，还要想第二天上班该穿什么，以及该给朋友的女儿买什么圣诞礼物。所以要求自己什么都不做，让身体静止，让大脑停止思考，这些都是很难的。但是，就像其他事情一样，即使是放松也会随着练习变得越来越熟练。

如果你感到倦怠，那就学着专注于自己的呼吸，给自己一些时间，远离喧嚣，得到充分放松之后，你会受益匪浅。

## 放声大笑

大脑中的不同区域执行的功能不同。边缘系统掌管一切情绪，比如开心，还具有生存所需的其他基本功能。如果大脑的某一区域停止工作或者功能受损，就会产生严重问题。杏仁核和海马体是边缘系统的两个结构，你笑的时候，它们会被激活。除了之前讲过的大笑会激活压力反应，它还能缓解紧张，通过调节呼吸来刺激器官。笑能改善心情，有利于与他人沟通交流。回想一下，最近一次你哈哈大笑的时候是多久之前？试着在电视上看些搞笑节目，或者与旧友一起回忆往事，看看这会对你的情绪产生什么影响。

身心之间的联系众所周知，而且身体的疼痛通常会影响你的情绪状态。丽贝卡·范·克林肯（Rebecca van Klinken）是一位理疗师，她诊所里的许多病人都遭受着各种形式与不同程度的压力。通常，病人们来的时候都有莫名其妙的疼痛，克林肯认为疼痛的原因是他们压力过大。

> 与情绪状态相关的疼痛往往非常普遍。有时，客户抱怨疼痛在自己的身体上不断移动，从一个关节到另一个关节或从一块肌肉到另一块肌肉。临床医生常常将这类病人诊断为纤维肌痛征或者慢性疲劳综合征。虽然医生下这些诊断的原因尚不清楚，但在很多情况下，经历过某种压力的人往往会出现这两种症状。

## 摆出高能量姿势

压力会对姿势产生负面影响，不良的姿势会导致受伤和疼痛。新西兰心理学家伊丽莎白·布罗德本特（Elizabeth Broadbent）博士的研究发现：

大脑和身体之间有生理上的联系，所以一些肌肉的位置会影响神经和内分泌系统。坐直可以让神经系统更好地应对压力。

在《健康心理学杂志》的一篇文章中，一位研究者写道：

直立坐姿可能是一种简单的行为策略，有助于增强抗压能力。

另一个由哈佛大学[1]开展的研究发现，压力激素皮质醇和姿势（或者能量姿势）有明显联系。当人们提出高能量姿势（即放松的姿势），皮质醇水平会降低；当人们摆出低能量姿势（即紧绷的姿势），皮质醇水平就会升高。研究人员还发现，一个人能量满满且有自控力时，会分泌更多的睾丸素而分泌更少的皮质醇。

我们知道肢体语言能对压力水平产生深刻影响，而且还能对他人如何看待我们产生巨大影响。展开来说，你也可以把肢体语言作为你未来个人成功和事业成功的决定性因素。在 2012 年 6 月播出的 TED 演讲中，埃米·卡迪（Amy Cuddy）十分有趣，她讨论了能量姿势和激素水平（睾丸素和皮质醇）之间的关系，认为肢体语言会决定你是怎样的人，并对你做出的决定产生深远影响。以下来自她演讲的文字记录。

---

1　埃米·卡迪，2012。

　　这就是我们的研究发现。关于风险容忍度（此处指赌博），我们发现当你摆出高能量姿势，你有 86% 的可能会冒险；当你摆出低能量姿势，你只有 60% 的可能冒险，这显示出了极大差异。以下是我们在睾丸素方面的发现：从受试者进入房间的基准线来看，能量高的人睾丸素分泌增加了 20%，而能量低的人减少了 10%。只有短短两分钟时间，我们就看到了变化。关于皮质醇水平，能量高的人增加了 25%，能量低的人减少了 15%。所以只用了两分钟，这些激素都发生了变化，大脑也因此要么变得果断、自信和放松，要么做出真实的压力反应，感到些许压抑。我们都有过这种感觉，对吧？由此来看，我们的肢体语言确实支配着自己的想法和感受。而且，我们的身体还会改变我们的思维方式。

## 享受安静

　　一天中我们需要花一部分时间让自己安静下来：可能是早晨或者晚上花 5 到 10 分钟在床上阅读，也可能是在去办公室或回家之前静静坐在车里。只要花几分钟整理思绪，你的感觉就会明显不同。如果你能把这个过程与呼吸练习相结合，特别是你感觉压力不断增大的时候，那你就帮了自己一个大忙。试着从精神上和物质上与外界切断联系——没有电视、收音机和手机！

# 远离社交媒体

脸书、推特、拼趣、照片墙、领英等社交媒体只是我们生活的一部分，但是它们正越来越多地占用我们的时间。现在，脸书拥有超过15亿用户，这些用户每月至少使用一次脸书。截至2015年8月，脸书单日用户首次超过10亿，占地球人口的12.66%。现在检查和更新软件已成为我们日常生活的一部分。这些应用软件的目的是让我们使用，比如聊天、发邮件、点赞或者发推特，所以它们的设计意图就是吸引我们一遍又一遍地打开它们。你有没有想过这个问题呢？其实，我们有这种行为的一部分原因是多巴胺在起作用。

许多研究都在关注快乐和孤独与脸书使用之间的关系。威斯康星大学密尔沃基分校宋夏妍教授和她的团队在一项名为"计算机在人类行为中的作用"的研究中，对这一点进行了广泛的分析。他们总结称，脸书的使用和人们的孤独感之间有关联，但并不是脸书让人们感到孤独，而是孤独感驱使人们使用脸书。就像宋教授说的：

在一台机器上花费很多时间，会阻碍人们与其他人建立真正的联系吗？或者机器会为那些害羞或者有社交恐惧的人提供一个机会，让他们以一种比面对面交流更加舒适的方式与他人交流吗？

对于这些问题，人们各执己见，但我认为任何形式的社交媒体都会侵占我们的时间和生活。盯屏幕太久或与他人线上互动并不一定是在很好地利用时间，而且花费的时间也不一定都用在社交上。宋教授总结说：

> 脸书得到了广泛使用，而且还在不断发展。一些人对此十分上瘾，因为他们完全陷进去了。这就是为什么了解长期使用社交媒体的原因和后果如此重要。

## 远离智能手机

如今，智能电话和其他移动设备能够让我们持续地与外部世界保持联系。一周 7 天，一天 24 小时，我们只需用食指轻敲或滑动几下就能在电子设备上浏览新闻、获取市场数据、收发邮件和信息以及浏览社交媒体。我们从未如此迅速地获取如此大量的信息。我最近在伦敦金融城参加了一个活动，在那里我听取了一项调查结果，该调查询问人们在工作中感到压力的事物，以及他们应对压力的方法。一名受访者表示，电子邮件改变了他的生活；他还总结说，电子邮件让事情变得无情。一些公司将出台在工作时间以外回复电子邮件时间的相关规定，但是大多数公司不会这样做，或者即便出台了相关规定，也不会强制执行。

我所供职的公司的手册上写了这样一项规定：管理者不得在假期期间联系员工。这条规定没有得到广泛认可，但总的来说得到少数人的认可无疑是个良好的开端。事实上，人们现在期望的是管理者在自己需要他们的时候就能出现。我知道大多数人，不是全部，经常在工作时间以外查看手机。我也是这样，而且我想不起来哪次我查看邮件后觉得自己这样做很开心；不过我还记得有几次我查看邮件后，觉得自己还不如周一再看到它们。

银行、律师事务所或会计师事务所的大多数合同中会有这样一则条款：免除《工作时间指令》[1]中规定的员工权利。英国医疗健康服务商 Priory Group 组织开展了一项调查，调查的受访者通过其网站参与，其中，96% 的受访者表示他们的工作时间超过了合同规定时间，41% 的受访者觉得有必要回复私人短信或社交媒体的消息，58% 的受访者感觉自己比一年前承受的压力更大，25% 的受访者表示花更多时间工作是因为要实现对自己的期望。

为自己的电话和电子邮件设置使用规则是首要事项。如果你被手机里的信息"操纵"（和"控制"），你就无法控制自己的心理或身体状态。这些使用规则可能包括以下方面：

1. 设置手机在规定时间开关机——比如让员工或者上司知道

---

1　《工作时间指令》或指令 2003/88/EC（原指令 93/104/EC）是一项欧洲指令，用于规范欧盟内工人的工作时间和假期。

早晨 8 点前和晚上 8 点后你不会查看消息——你可以口头通知他们或者设置消息自动回复。

2. 用另一部手机收发私人邮件、接听私人电话和收发信息（但是在一天的工作开始和结束时都要遵循第一条使用规则）。

3. 删除浪费你时间的应用软件，比如脸书、推特等（你可以通过电脑端访问，而且这项措施能阻止你在那些刺激你"猴子脑"[1]的内容和让你无法专注于自己的内容上浪费时间）。

4. 删除有"通知"的应用软件（甚至是新闻软件，比如 BBC）或者关闭"通知"服务。

5. 让手机待在另一个房间，尤其是晚上的时候（如果你在手机上设置了闹钟，那就把它放在你房间的另一边，这样就不会引诱你晚上或睡前看手机了）。

6. 习惯周末或者几个晚上出去时不带手机。你一开始会惦记手机，还会经历几次惊慌失措——"我的手机在哪里"，但是在这之后，你会开始欣赏周围的一切，没有手机分散注意力。

7. 在一天中遵循固定的时间查看、回复和发送邮件与信息——如果你能遵守的话，就可能提高效率、减轻压力。

8. 根据实际情况，设定预期的回复时间——如果你告诉大家

---

1 我们的大脑在进化的过程中，出现了三个功能区，分别是：鳄鱼脑、猴子脑、智识脑，分别对应了我们的本能、情感和智慧。

自己只在每天早晨花 1 个小时处理邮件和信息，他们就不会期望你迅速回复邮件。

9. 我听说，有些人要求客人进入晚餐房间之前在门口上交自己的电话——这是个好主意，能够确保每个人都不会分心（而且某些出乎常人意料的照片也不会在第二天突然出现在你手机的时间轴软件里）。

## 少看新闻

2015 年，我不再积极阅读任何形式的新闻，但 BBC 体育网站除外。如果世界上真的发生了什么大事，一定会有人告诉我，或者我能在脸书或推特上看到相关信息。我发现有些新闻只会分散注意力，没有任何好处。

当你与自尊心挣扎，无法理性和清晰地思考，还可能要处理财务压力和人际关系问题，你就完全顾不上关注新闻了。当你陷入倦怠时，无法解决任何问题；更糟糕的是，这些问题在你恢复后还会继续，但是你可以考虑自己能为此做些什么。

# 第五章 我的故事

从倦怠中恢复后，我变得乐于助人，因为我首先了解、接纳了自己。2012 年 3 月，在状况不太理想的情况下，我辞去了伦敦金融城客户总监的工作，当时我并不后悔，当然现在我也不后悔。

我来自一个充满爱却很混乱的家庭。在我很小的时候父母就离婚了，我和哥哥跟随妈妈生活。我的妈妈是一位私人助理，爸爸自己做生意。在成长过程中，爸爸是我的偶像，因为我想经营公司，做他所做的事。我不是个爱学习的孩子，所以事实上，我在学校很痛苦。相比之下，我更喜欢挑战极限，逗笑大家，少做事情而且做不费力的事情。这种情况一直持续到我完成普通初级中学的毕业考试[1]，不得不申请六年级。我原以为自己勉强应付得了考试，但最后发现这并不是问题所在。事实证明、虽然我想留下来，但学校却不想要我，校方礼貌而坚定地要求我不要费心去

---

1　英国的普通初级中学阶段也称GCSE（General Certificate of Secondary Education）阶段，GCSE是英国普通初级中学的毕业文凭，相当于国内的初中毕业文凭，课程时长为两年。

申请六年级。

　　我与父母交谈后，他们一致认为我应该尝试去当地的女子文法学校。令所有人吃惊的是，这所学校的六年级竟然接收我！我进入学校的那一年（1992 年），是他们第一年靠学费维持经营状态，所以学生越多，钱就越多，但当时我并不知情，因此我和其他几个不适合读书的人被录取了。然而，我在那里待的时间很短，刚上了没几个月，学校就要求我离开，因为我经常搞破坏，不太符合文法学校女生的形象。

　　我很幸运，妈妈和我的几位老师代表我重新提出了申请，我又被录取了，因为之前校长没有按照正式程序录取我（几周后，校长的命运发生了奇妙转折——因玩忽职守而被董事会免职）。她走之后，我埋头苦读，1994 年以 3 个 A 的成绩毕业了。之后我在北威尔士的班戈上了三年大学，专业是英国文学，那是一段非常愉快的时光。

　　尽管我很受欢迎，但我从来没有真正感觉自己融入那里的生活。那时我学会了融入社会，成为一只社交变色龙[1]，这对销售来说很有用，但也有缺点。我相当自立，习惯内化自己的想法和感受，而不与他人分享。在那个阶段，我无法真实地展现自己。我

---

1　社交变色龙是指吸纳并反应所处环境的情绪和状态，压抑自己本身的情绪，在社交场合惯于伪装自己，将不良习惯隐藏而总是展示出风度翩翩的一面，在交往中总是展示良好的习惯。

在 17 岁时接触了酒精，之后觉得它是个好东西，所以喝酒变成我表达自己感受的方式——但这些感受往往以愤怒的方式表现出来。并且在接下来的 20 年里，酒精在我的生活中必不可少，我经常用它来压抑或发泄自己的情绪。

依赖酒精的年轻人在以后面对挑战或经历困难时会遇到很多问题。我们在年轻时处理遇到问题和困难的方式很可能也是我们成人后处理问题的方式，所以这就是我滥用酒精和酗酒的原因之一。再加上无法表达自己，所以还可能做出破坏性行为。我敢肯定你至少认识这样一个人：他要么隐藏了性格中的某个重要方面，要么过着自己不喜欢的生活，要么做着自己讨厌的工作。他们花时间做一些无法反映自己个人价值观或不允许他们表达自己的事情。这，就是人们感到倦怠的主要原因。

1997 年，我开始从事销售工作，当时我在加拿大的一家大型软件公司担任客户经理。我喜欢这份工作，而且很享受自己做这些很简单的事情。之后，我在同行业的其他公司工作，内容与之前相似，但职位比从前高一点。销售是一项社交性很强的工作，很多个夜晚，我都与供货商、分销商、转销商还有客户在一起。我发现我往往被分配到更爱社交的客户，所以我经常要与那些喜欢娱乐和享受的客户一起出去。虽然当时我也很享受这些社交与应酬，但随着时间的推移，我越来越不喜欢了。我开始不太适应自己的工作。其实，我还是喜欢创意销售，为客户定制解决方案，为公司带来有价值的商业交易，而且我也开始觉得自己与同事们渐渐疏远了。

我发现我有很多方面与公司格格不入，比如职位和头衔给我带来了骄傲自大，而不是成就感。我还感觉穿衣风格（套装和高跟鞋）受到限制，因为这不是我喜欢的。我也时常找机会不坐在办公室里——虽然我工作的一部分（一周参加多少场会议是有规定的）就是花大量时间拜访客户，但他们的办公室距离公司也就10分钟的路程，所以这并不是"积极的"拜访。所有这些都让我感受到束缚，我开始通过喝酒释放压力，排解这些痛苦。

时间来到2012年，我突然辞去了伦敦金融城市场数据公司的工作。工作枯燥乏味、缺乏成就感，再加上认识到自己不再喜欢这份工作，我感觉十分沮丧和痛苦。这种感受导致我酗酒，进而降低了我的工作能力。然后是一系列糟糕的结果：我的行为和销售量受到密切监视。一切都成了恶性循环，我的压力倍增，结果就是饮酒更多。这种情况持续了很多年，但我很擅长隐藏自己真正的情况，而且伪装得很好。

这种隐藏内心混乱的能力可能是我最大的优势之一，但也是我最大的弱点。最后，到我采取行动的时候，我快要筋疲力尽了。某个周五晚上，我辞职了，商量了一个月的园艺假期就要开始了。那时我酗酒已经十分严重，醒着的大部分时间都在喝酒。一切已经完全失控了。

人只有身处谷底，才会回顾自己的人生，结果我发现自己的身体好几年前就已向我发出了警告信号。记得有段时间，我的工作压力很大，所以某天晚上喝了一顿大酒，第二天就感到不安和焦虑。当时我宿醉的症状已经发生了变化，从常见的恶心和头痛转为焦虑和颤抖。我现在知道这是身体酒精成瘾的最初迹象之一。那天，我很早就去上班了（这是我的策略之一，有这种感觉时，我尽量不让自己引人注目），上午晚些时候我要去客户的办公室开会。参会前我喝了几杯浓咖啡，好让自己清醒过来。在会议中，我开始觉得浑身不舒服，手开始颤抖，然后抖得越来越厉害。我和同事与客户交谈时，我一直在做笔记，但由于颤抖，我不得不停下来。同时，我心跳加速，满头大汗。我们所在的房间让我感觉更糟，因为它没有窗户，我的幽闭恐惧症犯了。当时我觉得喉咙很干，想喝点水，尽管水在我面前，但我不敢拿杯子，担心洒水。我都不知道自己是怎么熬过这次会议的。后来在电梯里，我跟同事说我不舒服，必须回家休息。

我休息了一天，去找医生帮我开了为期一周的病假条，病因是压力导致的焦虑。这本是一次做出改变的机会，但我并没有做出改变，只是休息了一周，就又回去工作了。我的焦虑在工作中加重，但我常常竭尽全力控制自己。开会是一项挑战，尤其是和同事一起开会时，我觉得他们会察觉到我的变化。最后我选择了地理疗法。地理疗法指借助搬家、换工作等行动来逃避或解决问题（但其实并没有解决问题）。我换了工作，在一家新公司重新开始，尽管这是个崭新的开始，但问题并没有得到真正解决。所有错误的东西——酒精、不可靠、无聊、缺乏成就感、无趣，它们跟着我一起移动。当然，刚到一家新公司工作时，一切都很新鲜，所以就可以骗自己这份工作与之前不同，并能够在此取得成功：这里的同事很友好，制度和流程更高效，佣金计划更完善而且酬劳更丰厚。但不出所料，我的恶习又回来了，当我意识到一切都没有发生改变时，我就会更加沮丧。

我之前在书中提到，我们每天都会对自己说无数个善意的小谎言，尤其是我们正面临职业倦怠。这绝对是真的。我多年以来试图忽略这显而易见的事实——酒精是阻碍我成功和加速我职业倦怠的唯一原因。我还忽略了一个事实，那就是（在我从事这项工作的时候）我不喜欢这份工作。从事某项工作的原因应该是你自己想做什么工作或想成为什么样的人。虚伪会扼杀幸福与成功，还会让你内心积聚难以控制的压力。

最终，我迈出了第一步，我接受了事情必须要改变，而这往往很艰难。首先，我思考自己需要做什么来恢复精力，开始再次以饱满的精神处理工作。要想做到这一点，就要反思自己的生活方式，评估自己当时的处境。这要求我仔细思考为什么自己会沦落到现在的地步，以及清楚地知道哪些生活习惯已经不再能让我获益。有些对我来说很明显，比如喝酒，一开始只是一种娱乐，后来发展成心理上的依赖，然后是身体上的依赖，最后演变成酗酒。

除此之外，我喝酒也是因为我很无聊，在工作中无法表达真实的自己，而且我也知道是工作在浪费我的精力。实际上，我在抑制真实的自己，不表露自己。回顾旧的生活方式，我知道了自己应该努力的方向，同时，我也确定了自己需要找到替代方案或者新的工作领域。我需要做的第一步也是最明显的一步就是戒酒，只有这样我才能清晰地思考，也不会因为受到酒精干扰而掩饰或模糊自己的判断。在工作方面，我列出了对自己来说重要的事情和我的想法（见附录 1）。为了清楚起见，我尽可能多地列出以"我相信"开头的句子。以下是部分例子：

> 我相信运动改变思维是最有效的疗法。
>
> 我相信人体的神奇之处在于如果你对它好，它也会回报你。

我还尽可能多地列出"我之所以（做）……是因为……／因为……所以……"这样的句式。同样，示例如下：

> 我之所以这样做，是因为我想从事自己热爱并值得自己全心全意付出的事业。
>
> 因为生命在于运动，所以我花时间向客户展示如何安全又愉快地运动，帮助他们延长寿命。

我强烈建议你经历一下这个过程，尽可能多地写点东西，一直写下去，直到你想不出其他的事情，或者灵光一闪，真正的目标出现了，就像我一样。可能用"因为……所以……"这个结构还有点早，但是使用"我相信……"这个句式，是你发现适合自己的职业的最佳工具。总体来说，这几件事对我很重要：

1. 乐于助人。

2. 为自己工作。

3. 自己创办公司，挑战自我。

4. 帮助和我处境相同的人。

5. 尽可能在户外工作。

6. 创造注重健康和快乐的企业文化。

7. 有一份真正反映真实自我的工作。

8. 创建一个在我两种热爱——个人赋权和运动交会点上蓬勃发展的企业。

确定了目标后，我首先考虑自己是否有资格成为一名私人教练，然后开始创业。2012 年 5 月，Bodyshot 私人训练开业了：我们唯一的资产是我个人的一本培训资格证书、一个网站和一些基本设备，最最重要的是，一个经过深思熟虑的经营框架，我相信这将帮助我的客户在生活中实现工作与生活的平衡。我很高兴也很自豪地说："我现在赖以为生的工作真实反映了我的为人和我的信仰。"

反思过去后，我明白自己需要做些什么来重振自己对生活的热情并恢复身体健康。我反思了自己的饮食习惯、运动程度、放松方式（当时什么都没有）、压力水平、生活负荷、水合作用[1]等。除此之外，我还更加仔细地审视了自己性格的各个方面，以求不遗余力地发现问题。这里我的意思是，通过让别人问我一些棘手的问题来发现自身的问题，比如如何应对压力，我是否寻求过帮助，我在困难时期的思维过程是怎样的，等等。我是那种善于求助的人吗？我有没有与他人分享我的想法？我是否使用了任何正念技巧来平衡压力？（这些问题的答案通常是否定的。）在整个过程中，发现问题可能历经一个困难阶段，因为你需要深入挖掘并面对可能已经尘封的往事，但这恰恰很重要。我过去和现在一直惊讶于自己对一些事情的记忆如此之少，这可能是因为我总是倾向于"归档"适合自己忘记的东西。这招有时对我很管用，但我并不把它作为一个理想的方法。虽然我提到锻炼非常有用而且是自己能够完成的，但在这一阶段，你可能更希望与咨询顾问或者业内人士一起运动。

对我来说，恢复阶段的很大一部分是彻底改变饮食。以前，我吃即食食品（我会从高档超市购买，因而认为它们质量上乘），再配上大量红酒一起下肚。我在工作时会服用从超市买的各种名牌补品（通常是多种维生素），并尝试从一些高端食品商店购买传

---

1　水合作用不仅仅代表身体水分，同时水还输送电解质、糖和氨基酸，以精准的比例维持各项生理功能。

说中的健康食品（注意：这些食物通常比你想象的更不健康，热量更高）。我开始对营养学产生浓厚的兴趣，不光阅读营养主题的书籍并参加营养学课程，还扔掉了厨房里仅剩的一点东西，并从源头购买或尽可能直接地购买新鲜、有机或不喷洒农药的产品。我开始根据产地而不是价格购买食物，并对它们的来源感兴趣。那时，"本地生产的有机食品"成为我的口头禅。我发现了一个当地的非营利项目，从伦敦方圆 97 公里内的有机农场或无农药农场运送来蔬菜。你可以搜索一下自己所在的地区是否有类似项目。这个计划确保你能得到刚从地里采摘的新鲜蔬菜（有时还带着泥土）；农民们也得到了有保证的价格；此外，因为没有任何东西会因为其不寻常的形状或大小而被拒绝，因此蔬菜浪费也是最少的。

戒酒绝对是一项重要的改变，这让我品尝到了更高质量的健康新鲜食品，同时，我的身材也发生了变化。2012 年 5 月，我超重 6.35 千克，后来体重以合理的速度减少，直到身体找到了自然调定点，从那之后我的体重一直保持得很好。所以，关注营养摄入是保持健康的关键。

以前我每周锻炼三四次，但由于酗酒和不健康的饮食习惯，我在体重管理方面步履维艰。不过一旦我的运动量显著提高，我的体重就会减轻，精神和身体也会从运动中获益。我很喜欢体能运动，比如拳击、网球和其他循环训练法。当体重变得越来越轻，我就能运动得更久，因而我的拳击和网球技能得到了提高。

我在体能训练方面的不足分为以下三方面：

每周的健身计划中没有注重拉伸和柔韧性训练；

没能通过运动与自己的情绪建立联系；

我的运动课程里没有任何放松的内容。

为了做出改变，我请了一位瑜伽老师，每周在我家为我一对一上课，每次 90 分钟，这对舒展身体和训练身体的灵活性起到了重要作用，而且还能与身体建立联系。通过瑜伽，我的健康水平得到提升，而且其中的呼吸练习对压力管理和体育运动（特别是拳击）也有帮助。

呼吸是调节压力和缓解焦虑症的重要方法。如果你以正确的方式呼吸（比如深呼吸时不过度使用脖子和上胸肌，让肺得到充分扩展），你就能减少压力，降低焦虑水平。我开始定期按摩，去看整骨医生，这两项都能确保我在工作和生活中处于最佳状态。这听起来可能有点老掉牙，但我现在认为自己精神富有、身体健康，所以我能再次发光。

除了在运动方式上做出改变和调整，我还用骑自行车代替乘坐火车或者开车，总体来说我越来越积极主动。一周 5 天的工作时间，我并没有总是坐在办公桌前，所以我的健康也从中获益。在这一阶段我想说，要注意避免过度运动。倦怠的常见症状之一是做太多或者太极端，所以不要让自己运动过度，注意保持平衡！

当我开始恢复，我就慢慢将一些事情重新"引入"我的生活，我把这叫作再平衡。其中一个关键部分就是为自己制作可靠的待办事项清单。这很重要，因为这些清单会确保你不会做得太多或者染上旧习。而且，密友和家人也会起到良好的监督作用，如果他们觉得你在某些事情上有所退步或者旧的个性特征再次显现，他们往往会第一个提醒你。要善于倾听密友和家人的建议，因为他们可能也曾得益于外部建议，所以他们很可能比你更早看到"冰山"。

我认为要想从倦怠中恢复，常常需要几个月的时间，但一些案例研究表明，恢复期可能会更久。恢复本就是个过程，没有固定的时间范围。花足够的时间经历恢复过程，之后你就与之前完全不同了（这是件好事）。你会学到一些有价值的经验教训，并有希望在未来过上更有意义的生活。

我在写这本书时，我的公司 Bodyshot 只有 10 名员工。我们以一对一的方式与客户合作，使用先进科技消除人们对"如何恢复健康"的诸多疑虑。有些企业希望保持能量与活力的同时创造强劲业绩的文化，并将提升福祉作为其竞争优势，我们积极寻求与这些企业合作。

建议：

现在花点时间想想我的故事，看看你是否能与我所说的内容产生共鸣，并从中寻找到共通之处。

# 第六章 自我的真实性

到现在为止，我希望你已经意识到，倦怠与自我的真实性息息相关。我感到倦怠是因为我做的事情并没有反映出自身的真实性。在各行各业，不仅是在商界，很多人由于同样的原因而感到倦怠。

薇姬·比钦（Vicky Beeching）是一名英国歌手，去美国发展音乐事业之前曾在牛津大学学习神学。对于薇姬·比钦这个名字，你要是没听说过，倒也情有可原，除非你住在美国的圣经地带[1]，或者你是美国基督教音乐的铁杆粉丝。那时（2014年），她已经是位非常成功的创作歌手，发行了 3 张音乐专辑，令美国基督徒十分引以为傲。可正当她名声大噪，却被曝出同性恋传闻，这在宗教界引起了极大恐慌，世界各地的人们也纷纷议论此事。

多年来，受到成长经历和所在宗教圈子的影响，比钦认为自

---

1 圣经地带（Bible belt）是美国俗称保守的基督教福音派在社会文化中占主导地位的地区。

己对女性的感情是错误的，应当抑制自己的感情，但她周围绝大多数人反而加强了她对女性的感情。比钦说自己曾参加了一个基督教青年夏令营，那里面的一场"驱邪"仪式试图治愈她歪曲的感情倾向。

为了隐藏自己的感情，比钦让自己投入到工作中：写歌和表演。2014 年 8 月，她在接受《独立报》（*The Independent*）帕特里克·斯特鲁德维克（Patrick Strudwick）的采访时说：

> 根据教会的说法，我觉得自己有问题，也许我可以通过取得好成绩来弥补过错。

毕业后，比钦搬到了美国乡村音乐的发源地——纳什维尔，录制了 3 张唱片，然后不停演出。其实，她隐藏了真实的自己，最终导致倦怠。在接受《独立报》采访时，比钦说：

> 我正在吹头发，看向镜子，发现自己的额头上有一道白线。

经检查，这道白线是一种严重的自身免疫疾病的征兆，这种疾病被称为线性硬皮硬斑病，更具体地来说，是一种被称为"军

刀痕"[1]的疾病。患上这种病后，最糟糕的情况是身体的大片皮肤
会变成疤痕状，这是最致命的。但治疗只能依赖广泛的化疗。比
钦对此十分震惊，她决定尽快飞回英国。

一回到英国，她就咨询了一位医生，医生认为她可能是心理
出现了问题。医生鼓励她回想，是否经历过精神创伤或某一时刻
的压力导致她郁郁寡欢。对比钦来说，这很明显：克制自己的性
倾向是根源。她说：

> 我看着我的手臂，化疗针戳入；再看看我的生活，我想，
> 我必须接受真实的自己。

2014年她公开出柜[2]，得到了大多数人的支持，但也有一些来
自教会某些领域的反对。

否定自己的性取向就是否定真实的自我。否定自我的任何一
方面都意味着你不能也不会过上愉快、充实、专注且成功的生活。
如果你深陷倦怠，那么你的首要任务是找到一种与真实的自我和

---

1　有一些特殊的硬皮病，患上这种病的患者，皮肤会出现凹陷，其中有一种特殊
的局限性硬皮病，又称为"军刀痕"，它主要是由于线状硬皮病在面部和头皮
处显现，呈现出象牙色的凹陷疤痕，由于患病处貌似军刀的伤疤，所以又称为
军刀疤。

2　出柜是英文"Coming out of the closet"的直译，是性少数群体公开自己的性倾
向或性别认同的行为。

平相处的方式，这不仅局限于性取向，还包括人际关系、兴趣爱好、穿衣风格、生活方式，当然还有职业选择。

# 第七章 六种信号：优化健康模型

体育锻炼对健康的潜在好处是巨大的。如果一种药物具有类似的功效，那么它将被视为"灵丹妙药"。

——利安姆·唐纳森爵士（Liam Donaldson）

前英国卫生部首席卫生官（2009）

## 相互关联的健康模型

过去，我们没有树立整体健康观，只停留在点对点治疗。如果口腔或牙齿有问题，就去看牙医；如果心脏有问题，就去看心脏病专家；如果肺部有问题，就去看肺科专家。在创伤医学中也是如此，身体的任何位置出了问题都能找到对应的专科医生。这一定程度上是因为人体十分复杂，也是因为我们没有理解"健康是相互关联的"。相互关联的健康模型不是将身心分开看待，而是将二者视为一个整体。精神状态如何影响我们的健康？睡眠如何影响消化系统？食物如何影响心脏健康？肠道和大脑之间的联系如何影响整个身体——包括睡眠方式、精神状态、能量水平、身体成分、消化系统以及面对日常生活压力的整体健康水平。

如今，医疗工作者具有前瞻性，倡导一种被称为功能医学的医疗模式。功能医学基于系统生物学，专注于识别并根除疾病。从本质上讲，它着眼于所有可能导致身体某处患病的因素，而不是只关注局部疼痛、患病或创伤的部位。这是革命性的突破，正受到越来越多的关注。举个例子你就明白了：你已经开始有抑郁症的症状，想要知道你能为此做些什么。也许你不想服药，并且想找出自己出现抑郁症状的根本原因。对此，功能医学的方法是在体内寻找发炎的迹象，它可能会显现在肠道微生物群或身体的其他部位（本章稍后将详细介绍肠道微生物群）。由此得出的关键结论是，从身体的整体看待局部健康问题才更加明智，这样既治标又治本。即使对于那些健康状况良好的人来说，理解健康的相互关联性也很重要。想要解决睡眠问题，就要查看其他健康因素是否影响了睡眠，而这些健康因素就是我提到的六种信号。

# 六种信号

　　六种健康信号分别是睡眠、心理健康、能量、身体成分[1]、消化系统和体能。我想你们开始意识到它们之间的相互影响了。心理健康和消化系统之间联系密切。缺乏能量会影响体力，很可能还会影响睡眠。睡眠不足会严重影响心理健康、能量、消化系统、体力和身体成分。众所周知，夜间睡眠不足会导致激素失调、食欲增加、饱腹感降低，从而导致体重上升。接下来，我将介绍每种信号以及它们对健康和长寿的重要性。

## 六种信号：睡眠

　　我们在第三章讨论过睡眠问题，这一问题值得在本章继续探讨。马修·沃克（Matthew Walker）[2]教授撰写的《我们为什么要睡

---

1　身体成分是指体内各种成分的含量（如肌肉、骨骼、脂肪、水和矿物质等），是体内各种常用物质的组成和比例表示，所以，身体成分是反映人体内部结构比例特征的指标。

2　马修·沃克教授，生理心理学家，认知神经学家，加州大学伯克利分校睡眠和神经影像实验室主任（全球神经心理学Top10学校的重点研究），全球顶尖医学院哈佛医学院前神经科学教授。

觉》(*Why We Sleep*)[1]一书引发了我对睡眠问题的进一步思考。我强烈推荐这本书，而且，如果你有机会听沃克教授的讲座，一定要抓住机会——他十分有趣。首先我要说的是，我们大多数人每晚需要 7—9 个小时的深度恢复性睡眠。沃克教授的研究强调，有种基因可以让睡眠只有或不足 6 个小时的人健康生活（而不仅是活下来），但是体内有这一基因的人很少。事实上，如果你把这一概率四舍五入到最接近的一个百分点，那就是零——所以几乎没有人能真正依靠那一点点睡眠就茁壮成长。如果你认为自己属于那一小部分人，那你可能是在自欺欺人，或者你误以为肾上腺素和失调的皮质醇能增加能量与活力。长期睡眠不足带来的影响令人不安：一位每晚睡眠时间不足 6 个小时的男性，其睾丸激素水平与比他大 10 岁的男性相当，这会对男性的能量和阳刚之气产生影响。睡眠不足也会对激素产生相应影响，而激素又会影响女性的能量和活力。

## 睡眠的重要性

我把睡眠叫作力量倍增器，因为睡眠会极大影响我们的健康、

---

1　又译作《意识、睡眠与大脑》。

体能和幸福感。如果你没有充足且质量高的睡眠，那就很难强身健体或有能量去改变现有的生活方式，因为你根本没有能量或脑容量去做这些事。睡眠由下丘脑的视交叉上核[1]控制的昼夜节律决定。健康的昼夜节律会受到自然光的影响，也会受到激素的影响，包括血清素、褪黑素[2]和皮质醇。如果我们的睡眠质量良好，还能避免扰乱与睡眠有关的激素，就会一切正常。但尽管如此，现代生活中仍有很多因素会导致睡眠问题。

## 睡眠问题

我们很多人都有睡眠问题，包括容易早醒、夜晚易醒、夜间醒来难以再次入睡、入睡困难、起夜，或者睡了很长时间但醒来依旧头昏脑涨、疲惫不堪。任何睡眠问题都会让你筋疲力尽、心情烦躁、缺乏能量，担心自己的身心健康。缺乏睡眠会严重影响我们日常生活中应对挑战的能力。尽管睡眠问题十分普遍，但它

---

1  视交叉上核是指前侧下丘脑核，位于视交叉上方，是哺乳动物脑内的昼夜节律起搏器，可调节身体内各种昼夜节律活动。

2  褪黑素是由脑松果体分泌的激素之一，它的分泌具有明显的昼夜节律，白天分泌受抑制，晚上分泌活跃。褪黑素可抑制下丘脑—垂体—性腺轴，使促性腺激素释放激素、促性腺激素、黄体生成素以及卵泡雌激素的含量均减低，并可直接作用于性腺，降低雄激素、雌激素及孕激素的含量。

们都不正常，所以我们不该把它们当作日常生活的一部分或者变老的表现。

## 提升睡眠质量的方式

### 卧室环境

从严格意义上讲，你的卧室其实是恢复室，里面不应放让人分心的事物，比如杂乱的东西、很多灯具、笨重的家具或胡乱堆放的衣服，而且一定不要有电视。精简你的卧室，确保环境舒适放松，能够让大脑和身体为入睡做准备。夜晚最佳的睡眠环境是完全黑暗的，因为出现任何光都会让人难以入睡，还会令大脑对时间感到困惑。为了确保完全黑暗，我推荐使用遮光窗帘和眼罩。因为除了眼睛，我们的皮肤表面也有光接收器，所以如果你想彻底不受光的干扰，就需要在卧室内遮挡所有的光。

消除 LED 灯发出的任何光迹（例如充电器上的信号灯），在另一个房间为你的电子设备充电或把它们设置成飞行模式。我们还不完全清楚长期暴露在如此多电磁频率下的危害到底有多大，但已确定失眠与此有关，并且世界卫生组织国际癌症研究机构称，电磁频率"有可能致癌"。很多人，包括我自己，都把手机当闹钟用，其实把手机设置成飞行模式，并不影响闹钟功能。对我个人来说，我不喜欢睡觉时旁边放一个不断搜寻蓝牙和无线网信号的电子设备，也不会在夜里醒来时忍不住去看手机，所以我从晚上9点开始就把手机设置成飞行模式。

### 对早晨的建议

早晨，我们不想遮光，而是想一起床就接触自然光。我们的昼夜节律由自然光启动，所以你一起床就应当拉开窗帘，或更好的做法是，你走到户外，让眼睛接触自然光。你可以缓慢地运动，无论是散步还是拉伸。拉伸可以激活副交感神经系统，降低血压，所以这是开启一天的理想方式。接触冷水，无论是通过洗脸还是淋浴（如果你有勇气的话），都会刺激迷走神经（与副交感神经系统相连），提高人的警觉性，增强免疫力。为保持健康的昼夜节律，每小时都应接触自然光，即便只有几分钟。如果你一天中大部分时间都待在室内，坐在刺眼的强光下，很少出去，就可能会对你的深度睡眠产生负面影响。

另一种与睡眠相关的光线是蓝光，尽管名字是蓝光，但它描述的不是光的颜色，而是电视、智能手机、平板电脑、笔记本电脑和其他设备发出的光的频率。蓝光会抑制褪黑素，褪黑素是一种让我们为睡眠做准备的激素，但我们当中许多人却整天坐在屏幕前，直到深夜。我建议大家佩戴防蓝光眼镜，我每晚7—8点都会戴。很多具体研究显示了蓝光对睡眠的有害影响，所以这就是将电子设备置于飞行模式或把它们放在其他房间的又一重要原因。

## 对夜晚睡眠的建议

夜晚是身体准备进入睡眠的时间，关键是要放松神经系统，然后准备入睡。我的方法是遵循"睡眠楼梯"。可能你有自己的孩子，如果没有，你可以回想一下小时候父母哄你上床睡觉的过程。通常的情况是孩子放学回家，玩一会儿后洗澡，然后父母为孩子换上睡衣，讲睡前故事，互相拥抱后入睡。可能有些家庭在顺序上略有不同，但是父母通常做的和我说的差不太多。这一过程可以和楼梯联系起来。最高台阶是放学回家，然后依次是以上我列出的活动，入睡是最低台阶。但是长大之后，我们不会再做这些了。我们通常这样度过夜晚：拖着疲惫的身体回家，运动一会儿，吃晚餐，查看电子邮件或浏览手机，晚上 10 点钟看新闻，然后入睡，晚上就这么过去了。我们其实从最高台阶直接到了最低台阶，中间的台阶完全略过，之后就在思索难以入睡或夜晚易醒的原因。对待晚上的活动，我们应把自己当作孩子，为自己设置一段"楼梯"。以下是我的"睡眠楼梯"：

1. 回到家后立即更换舒适的衣服。

2. 列出第二天的待办事项。

3. 吃晚餐（最好是睡前 3—4 个小时）。

4. 佩戴防蓝光眼镜。

5. 在街区里遛狗。

6. 看会儿电视、读书或蒸桑拿。

7. 从晚上 9 点开始把手机设置成飞行模式。

8. 通过为局部皮肤涂镁来放松，并在枕头上滴薰衣草精油。

9. 大约晚上 9：30—10：00 上床，阅读大约 10—15 分钟。

10. 睡觉。

走完以上流程（在任何地方都可以做），我通常就能睡个好觉。花些时间设计一下自己的"睡眠楼梯"。注意，最重要的是让大脑平静下来。若你完成了其他所有步骤，但仍在看手机或做别的，没有放松身心，那么完成以上步骤其实对你没有多大帮助。

关于睡眠主题的最后一件事是"睡眠窗口"[1]。睡眠窗口是指你计划在床上度过的时间与你计划获得的睡眠时间的相对比例。我的睡眠窗口是 8—9 个小时，因为我需要 7—8 个小时的睡眠时间、所以你在寻找自己的"睡眠窗口"时，需要把一些情况考虑在内，比如中间偶然醒来，比正常情况下的睡眠潜伏期更长（入睡所需的时间），以及比计划中更早醒来等。

---

1 我们每个人都专属于自己的"睡眠窗口"，也就是最适合自己的生物钟。到了这个"睡眠窗口"，身体最容易快速进入睡眠，并维持一个较高的质量。

# 睡眠与健康相互关联

睡眠影响心理健康。你疲惫不堪时很难感到兴奋、自信或快乐。血清素和多巴胺水平也会因为缺乏睡眠而降低，而长期的睡眠问题是导致焦虑、抑郁和倦怠的主要原因。

你可能经历过睡眠影响能量的时候。我们睡觉时，身体试图重新平衡许多日常功能，还试图恢复能量水平，包括免疫系统、睾丸素的分泌、体温调节以及食欲激素的调节。

睡眠也会极大影响身体成分。如果我们晚上睡得很少，那么体内的两种激素——饥饿素[1]和瘦素会失调。饥饿素即"饥饿激素"，向大脑传达身体饥饿的信息；瘦素即"饱腹感激素"，向大脑传达热量满足的信息。两种激素协同工作，确保身体保持平衡——前提是没有其他主要压力源影响身体，比如吸烟、饮酒、慢性压力、化学物质、毒素等。我们疲惫不堪、睡眠不足时，饥饿素水平会升高，瘦素水平受到抑制，这意味着我们整天都处在饥饿状态，无法给大脑反馈饱腹感的信号。这对于本就艰难的体重管理来说简直是雪上加霜。

---

1　饥饿素，从字面意义上来看很好理解，就是让你产生饥饿的激素，主要是由胃中的细胞分泌的。当胃排空时，饥饿素就开始分泌，而且全天范围内随着进餐时间段不同会有明显变化。

睡眠与消化能力也息息相关。我们睡觉时，消化系统也会休息，为第二天的工作蓄力。疲劳也是一种压力，这种压力对我们的内脏健康影响至深，容易引起炎症，还可能促使有害细菌增殖。

睡眠与体力的联系也十分密切。运动带给我们的大部分生理变化会发生在晚上睡觉的时候。如果晚上睡眠时间过短，不仅会限制这些潜在的好处发挥作用，而且还会影响身体对休息的需求，所以弊远远大于利。我看到人们在健康方面最常犯的错误之一，就是没有优先考虑或重视恢复。最后一点，如果你很累，就不太可能锻炼，所以体能也会受到影响。

## 睡眠总结

1. 卧室是恢复室。

2. 白天接受自然光，夜晚要防蓝光。

3. 遵循自己的"睡眠楼梯"。

4. 保证每晚 8—9 个小时的睡眠。

# 第八章 六种信号：心理健康

什么是心理健康？根据世界卫生组织的定义，心理健康是"一个人情绪和行为调节处于良好水平的心理状态"。我们把心理健康看得和身体健康一样重要。在某种程度上，我们中大多数人都有过心理状况不佳的时候，或者我们身边的人出现过这一问题。

## 心理状况不佳的表现

在这一主题下，我们探讨压力、焦虑、抑郁和倦怠，这些可能是由你生活中的困难、人际关系问题、因电子设备而无法放松自己、过度劳累、缺乏目标或严重的完美主义造成的。你可能会感到不知所措、恐慌、失控、空虚、痛苦，并担心自己的健康。心理状况不佳十分可怕，所以如果你遇到困难，寻求专业的帮助很重要。

# 优化心理健康的途径

## 心灵滋养

就像我们的身体需要营养，我们的心灵也需要滋养。我知道有的人注重保养自己的身体但是忽略心灵，也有的人注重心理健康而忽视身体健康。相互关联健康模型的一部分是让我们认识到需要顾及健康的各个要素，心灵滋养也是如此——我们要在恰当的时间为大脑提供适当的营养、休息和刺激。我们在第四章讨论过心灵滋养的部分内容，比如冥想、正念、放松技巧、瑜伽、大笑和少看新闻，其实关于心灵滋养还有一项内容，就是正心。

## 正心

正心有两层含义。首先是奉献和为他人做事。我现在做的最有意义的事情之一是为一家名为"多样性榜样"（DRM）的慈善机构做志愿者。这家机构在英国学校内积极阻止由恐同现象（Homophobia）、双性恋恐惧症（Biphobia）和跨性别恐惧现象（Transphobia）引起的霸凌行为。他们通过教育年轻人了解差异、挑战刻板印象和解决语言滥用问题来制止霸凌行为的发生。我每月会参加一次教学日举行的研讨会，促进慈善机构开展活动，并分享我的故事。能够成为研讨会的一员，这种感觉很美妙。我喜欢奉献我的时间而不是金钱。正心的第二层意思是与自己或之前喜欢做的事情重新建立联系。可能你以前喜欢散步、听歌、演奏乐器或做手工，但工作和家庭生活的双重压力让你没有足够的带宽[1]来做这些事情。正心要求我们为这些事情腾出时间，即使是每月只为它们腾出 30 分钟或每天只花 5 分钟也可以，因为它们很重要，能让你的状态好很多，这就是心灵滋养的力量。

我们在播客《消除猜测：忙碌职业人士的健康、体能和幸福感》（*Remove the Guesswork: health, fitness and wellbeing for busy professionals*）中录制了许多对重要人物和心理健康专家的采访。[2]

## 管理神经递质

神经递质在心理健康方面发挥着巨大作用，特别是多巴胺（dopamine）、催产素（oxytocin）、血清素（serotonin）和内啡肽

---

1 带宽的单位是 比特 / 秒（bps），是每秒钟的信息传达效率。人与人之间的沟通也是一种信息传达，也可以用带宽来衡量。沟通带宽衡量的不是说话速度或内容长度，而是效率。一个人的带宽是有限的，带宽就是心智资源的容量，带宽让我们能够运用已知的信息做出正确的决策。当带宽不够时，便会影响一个人的认知能力和自控力。

2 获取途径：访问Spotify、iTunes或网站www.bodyshotperformance.com.

（endorphins）——简称 DOSE。你如何获得幸福感？神经递质是
关键。

## DOSE 之多巴胺

多巴胺是与大脑奖赏中心沟通的神经递质，在大脑的许多功
能中发挥作用，包括情绪、睡眠、学习、专注、运动控制和工作
记忆。我们在第二章讨论过多巴胺，所以本章将关注管理多巴胺
水平的方式，从而使我们保持或恢复心理健康。

1. 多食用蛋白质：蛋白质由氨基酸组成，氨基酸就像人体的
基石。人体中共有23种氨基酸，其中一种是酪氨酸[1]，在酶的帮助
下可以转化为多巴胺，因此无论是从植物、草食牛，还是其他高
质量来源处获取优质蛋白质，对人体都十分重要。

2. 食用益生菌：最理想的是从活的来源中获取益生菌，因为
它能滋养肠道中的细菌。我们已经知道益生菌对于整体健康的重
要性，而且我们最近还发现某些细菌能够促进多巴胺分泌。优质
的益生菌来源是一些发酵食品，比如德国酸菜[2]、泡菜、康普茶[3]

---

1 酪氨酸是人体必需的氨基酸之一。
2 德国酸菜（Sauerkraut）是德国的一种传统食品，用圆白菜或大头菜腌制，富含
   乳酸，维生素A、B、C，矿物质，纤维，碳水化合物和蛋白质。
3 康普茶是一种甜味碳酸饮料，由酵母、糖和发酵的绿茶或红茶制成。发酵后，
   红茶菌会自然碳酸化，产生碳酸饮料。

或开菲尔酸乳酒[1]。每天早晨我都会先喝一杯山羊乳开菲尔，再吃其他东西。

3. 听音乐：研究表明，听音乐能够提高大脑的多巴胺水平。我也发现，音乐能够唤起记忆，让我想起过去的快乐时光——这就是所谓的欣快记忆。锻炼时听音乐能够增强锻炼效果，还能产生更多多巴胺（和内啡肽）。

## DOSE 之催产素

催产素是一种强有力的激素，也是大脑中的一种神经递质。根据其作用，催产素又叫"结合与连接激素"或"爱情激素"。女性会在分娩、第一次抱婴儿（父亲也是如此）和哺乳时感受到催产素的作用。我们表现出慷慨和同理心，以及拥抱他人时，也会感受到它的作用。催产素让我们对自己和他人感觉良好，这是人类复杂心理的特征之一，也是种群的特征之一。促进催产素分泌有三种方式：

1. 多拥抱他人：好吧，你可能想选择你的拥抱对象。拥抱他

---

1　传统的开菲尔（Kefir）是以牛乳、羊乳或山羊乳为原料，添加含有乳酸菌和酵母菌的开菲尔粒发酵剂，经发酵酿制而成的一种酒精发酵乳饮料。工业化生产的开菲尔乳品是以牛乳为原料，利用从开菲尔粒中分离的乳酸菌和酵母菌进行发酵制得。

人的行为会释放催产素，所以可以衡量一下自己在社交中的拥抱次数。

2. 花时间与动物在一起：研究表明，与动物待在一起时，身体会释放催产素，让人感觉良好。这就可以解释为什么很多人在家里养宠物，以及很多治疗中心为什么使用动物帮助病人康复。

3. 送礼物：赠予的行为也能够提升催产素水平，让人心情愉悦。这里的礼物不一定非得是实质的，也可以是不经意间表现出来的友善，一份惊喜或花些时间帮助别人。研究表明，心存感激也会增加催产素的分泌。

## DOSE 之血清素

血清素也是神经递质之一，会影响人体从情绪到运动技能的各个部分。血清素被称为天然的情绪稳定剂、参与新陈代谢、也是重要的免疫系统调控因子。人体中大部分血清素分布在肠道里（多达 50%—90%），其余分布在大脑和神经系统中。这或许可以解释为什么我们吃某些东西时会感觉心情愉快。

血清素由人体必需的氨基酸——色氨酸构成，需从食物中获取。每天早晨，我会喝一杯山羊乳开菲尔，从中获取所需的色氨酸。当然，色氨酸也可以通过其他途径获取。缺乏色氨酸会导致血清素分泌水平降低，造成情绪紊乱，比如焦虑或抑郁。

想要自然提升血清素水平，有三种方式：

1.摄入富含色氨酸和维生素 $B_6$ 的食物，比如鸡肉、驴肉、鸡蛋、奶酪、三文鱼、金枪鱼、深绿色蔬菜、奇亚籽和坚果。

2.晒太阳：在理想状态下，每人每天需要晒 20 分钟左右，如果可能的话，每隔 1 个小时左右就应到自然光下晒太阳。在冬季，晒太阳可以补充维生素 $D_3$。你还可以看看一款名为"人体充电器"的设备，它由一家芬兰的公司发明，旨在解决芬兰漫长的冬季缺乏阳光的问题。他们发现耳道有光感受器，于是发明了一种装置，能够通过耳塞将离散的光线射入人耳。一天晒几次太阳，每次 12 分钟，还可以缓解季节性情感障碍[1]并调整时差。

3.食用上好的鱼油：鱼油中含有大量 ω-3 脂肪酸，其中最重要的是二十碳五烯酸（EPA）和二十二碳六烯酸（DHA），对大脑健康至关重要，还能促进血清素的分泌。

## DOSE 之内啡肽

内啡肽是种神经递质，与大脑中的阿片受体相互作用，能够产生止痛效果，因此可以说它的作用类似于吗啡和可待因等药

---

1　季节性情感障碍是以与特定季节（特别是冬季）有关的抑郁为特征的一种心境障碍。是每年同一时间反复出现抑郁发作为特征的一组疾患。这种抑郁症与白天的长短或环境光亮程度有关。

物。内啡肽又被称作"快乐激素",能带来"跑步者高潮"[1],当你做心血管锻炼,像跑步或慢跑(还有伸懒腰,有趣吧!),你会明显有兴奋感。

促进内啡肽的产生有三种途径:

1. 吃巧克力:可可含量在85%及以上的黑巧克力能够提升大脑释放的内啡肽水平,帮助减轻疼痛、减少压力。受巧克力影响的另一种常见神经递质是血清素,所以吃巧克力可以一举两得。这可以解释巧克力是安慰食品的原因,但是我们需要控制摄入量!

2. 听音乐:来自麦吉尔大学的研究者发现,创作音乐和聆听音乐会促进人体释放内啡肽,起到止痛的效果,产生愉悦感。另一项研究发现,听音乐的同时人体还会释放多巴胺,如果音乐对听众有某种意义的话,效果尤其明显。听音乐这一方式可操作性强,而且我们大多数人一定收藏过很多歌单和专辑,它们能让我们想起过去的时光,所以听音乐是个极具吸引力的选择。

3. 接受针灸:针灸起源于中国,曾经饱受西方国家的质疑,但是近期的研究发现,针灸能够提高大脑中游离阿片受体的数量(与随机对照的安慰剂研究相比),刺激人体释放内啡肽。你可以通过谷歌搜索找到本地的针灸医生,并向其寻求帮助或接受治疗。

---

[1] 运动员在长跑时能体验到一种兴奋感,充盈着无敌状态,感觉不到疼痛不适,甚至都察觉不到时间的流失。

## 营养（植物性饮食的统计数据）

食物与情绪密不可分，如前所述，某些食物可以促进人体分泌上述几种神经递质，如巧克力能同时促进血清素和内啡肽的分泌。我们可以通过食物积极影响心理健康，但食物也可能会带来种种问题，比如我们对食物带来的感受上瘾或者对不健康饮食的热衷。我们也知道自己需要保持均衡饮食，摄入宏量营养素（脂肪、蛋白质和碳水化合物）、微量营养素（维生素和矿物质）和大量水，所以重中之重是为身体提供良好的营养，而不是考虑食物带来的热量。

## 脂肪酸 $\omega$-3 和 $\omega$-6

对心理健康最重要的宏量营养素和微量营养素来自油性鱼类（或者上等鱼油及磷虾油补品）、种子或油中的脂肪酸。脂肪酸作为磷脂和糖脂的组成成分，是一类存在于脂肪、油类和细胞膜中小分子、长链的脂质羧酸。脂肪酸有两种类型：$\omega$-3 和 $\omega$-6。最重要的三种 $\omega$-3 脂肪酸是 $\alpha$-亚麻酸（ALA）、二十碳五烯酸和二十二碳六烯酸。$\alpha$-亚麻酸主要存在于植物油中，比如亚麻籽油、大豆油和芥花油[1]。二十碳五烯酸和二十二碳六烯酸常见于鱼类等海产品中。α - 亚麻酸是一种必需脂肪酸，但它不能由人体自身合成，所以需要从食物或饮品中获取（如果有必要，可以通过食用补品获取）。身体能够将一些 α - 亚麻酸转化为二十碳五烯酸，再转化为二十二碳六烯酸，但是数量极少，所以摄取富含 ω-3 脂肪酸的食物对于维持大脑健康和体能，保证心脏、肺、血管以及免疫系统和内分泌系统的正常运转至关重要。

通常，人体内 ω-6 脂肪酸的含量较高，ω-3 脂肪酸的含量较低（称为 ω-6/ω-3 比值），这会带来健康问题，特别是心理健康问题。ω-6 脂肪酸常见于植物油中，这往往是最糟糕的来源。就其本身而言，这些脂肪酸本没有害处，但摄入过多就会造成毒害——我们摄入的 ω-6 脂肪酸确实过多。关注食用油种类是关键的第一步：用鳄梨油[2]、亚麻籽油、大麻籽油和葡萄籽油代替植物油或玉米油。只要把不该吃的食物排除，随着时间的推移，就会产生很大的影响。富含 ω-3 脂肪酸的食物包括油性鱼类、坚果、种子、鸡蛋、长叶莴苣、散叶莴苣、羽衣甘蓝、菠菜、松子、卷心菜、南瓜以及所有的芽菜。

---

1　芥花油是从一种美丽的小型黄色开花芸薹属植物的种子中压榨而出的可食用植物油。这种植物和卷心菜、花椰菜、花菜等一样，同属芸薹属十字花科，是其母系品种油菜籽经杂交后自然分化而来的。

2　鳄梨油，又名酪梨油，以压榨法萃取自干燥的果实，是营养价值相当高的基础油。其滋润的油脂特性非常适合干性肌肤使用。但建议不要单独使用，可以以10%—50%的比例与荷荷芭油混合使用。

如果你的心理疲惫、专注力下降或认知表现不佳，可以一试。

## 关于炎症

科学家认为 ω-6 脂肪酸具有促炎作用，ω-3 脂肪酸具有抗炎作用。我们这里不谈论炎症的反应，例如我们切到手指时，炎症反应对手指恢复至关重要；但如果是肠道内膜炎症或神经炎症，情况可能就不同了，因为这可能是由饮食不健康、睡眠不足和其他压力源，例如污染、酗酒或工作压力造成的。所以，这也是以相互关联的方式看待健康的一条重要原因。其他与食物有关的炎症来源，包括引起身体出现不良反应的食物。对于一些人来说，可能是麸质、乳糖、糖类、过量的碳水化合物或饱和脂肪，因此找出让自己身体出现异常或不良反应的食物是值得的。你可以购买食物不耐受或基因测试；或简单地尝试食物排除疗法[1]，这一方

---

1 食物排除疗法即把某种（些）特定的食物从饮食中加以清除的治疗方法，包括3个步骤：①排除期。将所有可能导致症状的食物从饮食中加以清除，以观察症状是否好转。②重新引入期。如果经排除期后症状确定消失，则每隔一段时间重新加入一种被清除的食物，观察其是否引发症状。③双盲法激发期。设计双盲实验，用可疑食物激发，这是为了验证研究的可信度，以判断前两期得到的结果是否可信。这种饮食调控方法约耗时6周，是目前最精确、最可信的研究饮食反应的方法。其具体操作方法、时间可以因人而异。注意，这种方法必须在医生的指导下进行，以免发生营养障碍性疾病。

法只需耗费时间和精力。但无论哪种方式，都希望你根据自己的个人喜好、需求和要求创造一个良好的健康蓝图。

以下是均衡饮食的基本原则：

1. 寻找有机食品和当地生产的食品。

2. 以植物性饮食为主（生熟均可）。

3. 每周摄入两次优质动物蛋白。

4. 摄入上述来源食物中的脂肪酸。

5. 每周摄入两次油性鱼类（由于其金属含量，不能多吃）。

6. 大量饮水。

7. 减少摄入精制碳水化合物和糖类。

8. 避免摄入引起炎症的食物。

# 正念饮食[1]

我们吃饭的方式与吃饭的内容同样重要。当身体处于副交感神经支配状态，就代表它准备好接收、消化和处理食物了，所以这时我们应处于放松状态。吃饭之前，花几分钟做深呼吸，

---

1　正念饮食（mindful eating）的定义是：调动我们的全部感官功能——视觉、味觉、听觉、嗅觉、触觉来关注进食体验，见证进食前、进食中和进食后的情绪和身体反应。

让身体为吃饭做准备，之后细嚼慢咽，这有利于我们从食物中有效吸收营养。

# 食用补品

如果很难从高质量的食物中获取所需的营养，我完全赞成食用补品。我会定期以药片形式摄入磷虾油和抗氧化剂，每天早晨，我会在咖啡里加白桦茸或胶原蛋白。请注意，有些补品可能与药物相克，所以请在服用前咨询医生。以下是我比较推荐的补品：

1. 缬草——治疗焦虑的天然药物。

2. 姜黄——天然的抗炎食品。

3. 镁——能够帮助降低皮质醇，参与体内至少 325 个生化过程。

4. 维生素 B——特别是维生素 $B_6$ 和维生素 $B_{12}$ 与心理健康联系紧密。

5. 圣约翰草——治疗抑郁的天然药物。

6. 维生素 $D_3$——与维生素 $K_2$ 一起服用，促进身体吸收维生素 $D_3$ 产生的钙质。

7. TianChi——一种中国适应性草本植物的混合物（目前只在美国出售）。

8. 清洁蔬菜粉——蔬菜摄入量低时，可以作为补充。

9. 绿茶——包含咖啡因（具有提升认知的功效）和茶氨酸（能够降低压力，使大脑处于 α 波[1]状态），且二者具有明显的协同作用，因此它们是完美的组合！

## 使用灯光

在第七章，我提到了光对于昼夜节律的重要性，因此睡眠对心理健康的影响显而易见。暴露在自然光下不仅帮助我们调整昼夜节律，还能补充维生素 $D_3$，但要注意时间。经常晒太阳对我们的精神和心理都有好处，但如果我们不能经常接触到自然光，或者我们一天的工作在黑暗中开始和结束，会发生什么呢？现在有几种设备可以模拟自然光：第一种是晨光模拟器，患有季节性情绪失调的人和想要保持健康昼夜节律的人经常使用它，还有"曙光模拟器"等设备；第二种是我之前提到过的"人体充电器"。

---

1　α 波是四种基本脑波之一。通常所指的潜意识状态，即人的脑波处于 α 波时的状态。α 波是连接意识和潜意识的桥梁，是仅有的有效进入潜意识的途径，能够促进灵感的产生，加速信息收集，增强记忆力，是促进学习与思考的最佳脑波。当大脑充满 α 波时，人的意识活动明显受到抑制，无法进行逻辑思维和推理活动。此时，大脑凭直觉、灵感、想象等接收和传递信息。

# 做运动

运动不仅是我们生来就该做的事情，它还对心理健康有好处。运动后一身轻松，是因为运动会刺激身体产生皮质醇，我们知道它可以让我们感觉良好，提高大脑中血清素的含量；还能促进新鲜的含氧血液在全身循环，为细胞输送养料，促进神经发生（即产生新的脑细胞）。一项研究发现，只需快步走 10 分钟，人的整体情绪和精力会在之后的 2 个小时内得到改善，如果我们能连续 3 周以上坚持快步走，那么它带来的积极影响会持续下去。这可是种非常值得我们投入时间的运动！

我们早就知道运动对心理健康有深远影响，但这并不意味着我们要付出太多。散步的方式就十分有效，你可以在通勤时间或者社交活动（比如与朋友见面）的过程中完成。2018 年 10 月，英国苏格兰地区的医生们宣布，他们将把在大自然中散步作为治疗焦虑、高血压和其他相关疾病的处方。所以开始运动吧，不论运动量多少。注意考虑"最小有效剂量"——即你能持续做的最小运动量（这是关键）。重要的是开始，一旦开始，你就能体验到运动的好处。

## 心理健康与整体健康相互关联

心理健康会影响睡眠。我们都清楚疲惫不堪会影响自己的情绪。紊乱的神经递质，如血清素和多巴胺，会导致睡眠中断、失眠和其他睡眠障碍。

心理健康影响能量水平，特别是我们的积极性和热情，所以这可能会妨碍我们做大量运动、定期锻炼以及进行其他活动，如陪伴孩子玩耍、享受爱好带来的乐趣、进行户外活动等。

心理健康还会深度影响身体成分。我们感到痛苦、焦虑或沮丧时，常常会通过吃东西来缓解。这些食物往往不是水果和蔬菜，而是巧克力（能够提升血清素水平）、精制碳水化合物和导致多巴胺飙升的食物，比如比萨。通常，心理健康状况不佳时，我们不太可能做出正确的选择，也不太可能好好运动，这就会影响身体成分。

心理健康和消化，特别是和肠道之间的联系极其密切。脑肠轴[1]是发生在胃肠道和中枢神经系统之间的生化信号，还有一个关联因素——微生物组，它是构成脑肠轴基础的肠道细菌生态系统。

---

1 胃肠道有一个独立于中枢神经系统的神经结构，连接胃肠道和中枢神经系统的主要神经干，包括迷走神经、内脏神经以及骶神经，其在消化道功能的调节中具有传入和传出双重功能，所以脑、肠之间是相互作用的。这种脑肠之间的相互联系，称为脑肠轴。

如前所述，微生物组缺乏多样性与抑郁和焦虑有关。

对于心理健康与体能的关联性，我们可能都体会过。当我们十分疲惫时，就没有动力去锻炼或运动，这显然会影响我们的健康。我从整体的角度看待健康，而不仅仅是以我能举起的重量或我跑步的速度来衡量自己是否健康，所以对我来说，健康意味着心理、身体、情绪和精神健康。

## 心理健康总结

1. 摄入更多含有 ω–3 脂肪酸的食品，减少摄入植物油和精制碳水化合物。

2. 尽可能多地接触自然光线，如果接触机会有限，可以借助科技手段。

3. 想办法利用多巴胺、催产素、血清素和内啡肽来获得快乐。

4. 运动——不论运动量多少，尝试并坚持下去。

# 第九章　六种信号：能量

能量无法直接被创造出来，它存在于我们体内，需要在体内转化形成。很多东西都在推进这一过程，包括食物、温度和阳光等。水是人体最重要的营养物，帮助促进食物转化成能量这一化学反应，这是一种为我们的身体提供能量的重要方式，但常常不受重视。能量为我们身体的内部功能提供燃料，修复、构建、维护细胞和身体组织，支持外部活动，使我们能够与物质世界互动。只有能量平衡，我们才能健康生活。正常情况下，进入身体的能量应当与消耗的能量相匹配。但也有例外，如果我们试图增加或减少体重，在这种情况下，就希望能量过剩或能量不足。

## 能量的重要性

能量分为以下几种：心理能量、身体能量、情绪能量和精神能量。能量水平不仅会影响我们的成功与否，还影响我们看待世界、与世界互动的方式；它也与体重、激素、环境、生理、心理压力的反应、消化系统、营养吸收以及遗传和表观遗传有着共生关系。总之，能量就是一切。

能量不足的标志：

1.情感淡漠，没精打采。

2.无法完成任务。

3.不愿每天锻炼或运动。

4.缺乏动力。

5.快感缺失（无法在平时喜爱的活动中体会到快乐）。

6.精疲力竭。

7.情绪不稳定，易怒。

8.身体成分发生改变（不正常的增重与减重）。

9.缺乏自尊自信。

10.激素水平紊乱或神经递质分泌紊乱。

我们在前一章讨论了与能量有关的神经递质（DOSE），但是还有一些没来得及介绍，比如肾上腺素、皮质醇和睾丸素。肾上腺素通过激发人体的战逃反应（与交感神经系统有关）影响能量水平。战逃反应会导致气管扩张，为肌肉提供对抗危险或逃跑所需的氧气。肾上腺素还能促进血液流向心、肺和主要肌肉群，为我们的行为活动做好准备。在压力下，皮质醇会通过刺激肝脏产生葡萄糖，为身体的战逃反应提供能量。例如，高强度运动会释放肾上腺素和皮质醇，让身体以一种积极的方式处于交感支配状态（我们称之为良性压力）。睾丸素水平低会导致能量不足（男性和女性都是如此）以及其他症状，如性欲低下、肌肉质量下降和体脂增加。

# 优化能量的方式

## 能量罐

几年前，我得到了关于能量的教训（当然是以艰难的方式得到的）：能量是一种有限的资源，因此我们需要注意使用它的方式。我曾有一天或一周都过得很辛苦，然后去健身房，我对自己的表现不能达到平时的标准而疑惑不解。我很沮丧，因为明明自己一整天都没有运动，但还是感觉缺乏能量，活跃不起来，所以我对这种状态感到费解。我不理解的是所有能量都来自一个地方，即对于工作、健身房和家庭，我们没有单独的"能量罐"——所有能量来源相同。我们的能量宝贵而有限，需要合理使用。对我来说，最关键的是决定使用能量的方式，以及调整自己的节奏让能量消耗的时间更长。考虑到所有的能量都储存在一个能量罐中，如果你一周工作到很晚，消耗掉了一半能量，那么就应该减少在健身房或周末的运动量，除非你能找到补充"能量罐"的方法（稍后会详细介绍）。

**环境因素**

周围环境、身边的人、呼吸的空气、吃的食物、家里和办公室里的家具摆放，所有这些都会对你的能量水平产生积极或消极的影响。我在家里和办公室都放了方便运动的桌子。我还花了不到 30 英镑，在亚马逊网站买了一张笔记本电脑桌，我可以在需要时将其用作站立式办公桌。我已经取消自己办公桌的便利性，所以如果我想使用打印机、找笔或喝水，就需要起来走动。我对待身边的人很小心，因为我知道谁是我的"散热器"（有趣、求知欲强、幽默、乐观、有吸引力的人），谁是我的"排水管"（能量吸血鬼）。我尽我所能呼吸新鲜空气，经常锻炼，确保自己拥有良好和稳定的能量水平。我建议你可以看看凯蒂·鲍曼（Katy Bowman）[1]的书，了解更多关于运动的话题，了解这些有助于你增强体能。

**营养**

"食物"一词内涵非常丰富，它既是种文化，也是我们表达

---

1 凯蒂·鲍曼作为一名兼职生物力学家、兼职科学交流者和全职推动者，已经向成千上万的人指出运动对身体的重要性。

爱的方式，所以与朋友和家人聚在一起共同用餐是件很亲密的事。但从根本上讲，我们通过吃东西为细胞提供能量，从而保持身体重要器官和系统的正常运转。健康脂肪、蛋白质和植物构成的个性化饮食将提供日常生活所需的能量。你吃的食物会决定你精力充沛还是精疲力竭，所以食物会直接影响你的感受。

## 恢复

恢复可能是健康中最不受重视的部分。过去几年里，我把恢复看得更重要，如果我们能在管理生活时注重恢复，效果立竿见影。塞雷娜·威廉姆斯（Serena Williams）是我们这个时代最有成就的运动员之一，但即使训练非常苛刻，她也无法每天都达到夺取大满贯时的状态。她会提前考虑自己的日程安排，让身体在比赛时达到最佳状态，然后放下一切，开始恢复。在恢复期间，她会不断调整自己的身体和训练方式，根据自身情况留出恢复的时间。作为"商业运动员"的我们在生活中并不会采取同样"明智"的做法，而倾向于要求自己时时刻刻都处于最佳状态努力工作，最终筋疲力尽，失去对生活的热爱。因此我们要学会调整自己的节奏，寻找恢复能量的方式，它可以是洗澡、正常的周末休息、适度锻炼、按摩、花时间做自己喜欢的事情（正心），也可以什么都不做。

## 能量与健康相互关联

睡眠不足会影响能量水平，缺乏能量时也会反过来影响睡眠。这主要是因为我们可能在白天运动量不足，没有感觉疲惫。缺乏能量会影响我们白天的大部分工作，而且如果你累了，可能就没有精力遵循自己的"睡眠楼梯"了。

能量和心理健康是相辅相成的。多巴胺、血清素和内啡肽等对心理健康至关重要的神经递质可以使人充满活力，因此我们经常会在那些缺乏能量的人身上感受到他们的神经递质出现异常。此外，能量不足还会让我们意志消沉、沮丧、愤怒、焦虑和烦躁。

缺乏能量会增加你获得多余体脂的机会，不过你也可能因缺乏运动和有规律的锻炼而失去肌肉质量，从而影响身体成分。 缺乏能量（或者更具体地说，缺乏运动以及饮食不健康）也会改变体内微生物组的多样性，进而影响能量水平。 某些细菌的功能之一是从我们的食物中摄取能量，因此能量与消化健康之间也存在着密切联系。

体力与能量相得益彰，缺一不可。 我们通过消耗能量来适应严酷的日常生活，享受我们正在做的事情，从而实现目标。当身体拥有的能量越多，能够投入到健康中的能量就越多，而且如果我们优先考虑恢复，并且正确适当地运动，就会从中获得更多能量。

## 能量总结

1. 把你自己想象成一名商业运动员，制定相应计划并确定完成速度，最大限度地提高能量水平。

2. 度过充实的一天，积极运动，提升能量水平。

3. 请记住：能量是有限的！

4. 不要低估他人的力量：与正能量的人在一起。

# 第十章 六种信号：身体成分

身体成分是指体内骨骼、脂肪、肌肉和水的比例。比起"体重"或"减肥"，我更喜欢身体成分这个词，因为它用一个非常确切的方式来描述大多数人正在努力实现的目标。诚然，人们想对自己的身体成分做出的最常见改变是减肥，但这个词的意思并不是我们想表达的实际意思，我们的意思其实是"减脂"。通常，我们的目标还有通过增加肌肉量来改变体型，这符合身体成分一词的内涵。因此，身体成分是个更健康、更准确的术语。

身体成分不合理的表现：

1. 能量不足，情感冷漠，萎靡不振。

2. 身体质量指数偏高或肥胖。

3. 患代谢性疾病[1]的风险增加（糖尿病、高血压、甘油三酯和胆固醇等偏高）。

4. 体重过轻（这和超重对健康的影响相同，可能造成免疫系

---

1　根据一般经验理解，代谢性疾病即因代谢问题引起的疾病，包括代谢障碍和代谢旺盛等。

统功能减弱、骨密度降低、疲劳、嗜睡等）。

5. 体能差（逛街时间短且易累，爬楼梯气喘吁吁，没力气抱小孩等）。

6. 激素（饥饿素、瘦素、胰岛素、皮质醇等）水平紊乱，导致能量、睡眠和体重调节出现问题。

## 决定身体成分的因素

我们吃的食物对身体成分发挥着重要作用，但这只是影响因素之一。以下是其他影响因素：

### 激素

饥饿素和瘦素等调节饥饿感和饱腹感的激素起着重要作用。我们都知道，睡眠不足会影响它们发挥作用。体重增加可能是由雌激素优势[1]或黄体酮[2]水平低引起的，因为它限制燃烧体内囤积的脂肪。

## 睡眠

夜间睡眠不足会导致饥饿素水平升高，瘦素水平下降，所以意味着我们更容易受到饥饿的影响，换句话说就是产生的饱腹信号更少。如果我们一直睡眠不足，情况就会更糟。人脑只有几千克重，占我们体重的 2% 左右，但其能量需求却占我们身体总能量的 20%。我们疲劳时，大脑会发出信号，引导我们吃东西。一般情况下，我们所处半径范围内的直接食物来源往往都是精制碳水化合物，因此我们在疲劳时倾向于吃含糖的垃圾食品。这些食物会暂时提高我们体内的血糖含量，为我们提供能量，但血糖会再次迅速下降，造成可怕的"能量过山车"，增加体重上涨的风险。

---

1　雌激素过量时，我们一般称为雌激素优势。雌激素优势不仅仅是指雌激素水平相对高，还指女性激素孕激素减少或者缺失，两者失去平衡，影响女性身体状态，导致激素间的平衡被打破。当雌激素优势时会产生诸如肥胖、疲劳、过敏、胆固醇水平升高、脱发、偏头痛以及身体储水等问题，如果不加以平衡，严重的还会造成乳腺、卵巢与子宫等问题，甚至会产生癌症。

2　黄体酮（progesterone）又称孕酮激素、黄体激素，是卵巢分泌的具有生物活性的主要孕激素。

## 运动

任何运动水平的下降，无论是日常运动还是有计划的锻炼，都可能会随着时间推移而对身体成分产生影响。我们要重点注意的是调整自己的能量摄入（比如食物类型、吃饭时间和食物热量）；不过尽管如此，我们可能仍然会看到肌肉量减少和肌肉结实度下降的状况。在能量摄入保持不变的情况下，日常运动量和锻炼的增加通常会增加肌肉量和肌肉结实度，减少体重（以脂肪来衡量）。人们在锻炼中常犯的一个错误是，把锻炼看成是一种多吃或多犒劳自己的借口，反而会导致增加脂肪，而不是减少脂肪。身体的效率令人难以置信，我们在锻炼中消耗的热量很快会趋于稳定，换句话说，随着时间的推移，我们再做同样的锻炼时消耗的热量更少，因为身体已经习惯了这种强度。

## 食物组合

某些食物组合是增加脂肪的完美风暴。比萨就是一个很好的例子。偶尔吃块比萨（尤其是用新鲜食材和大量蔬菜做的比萨）并不是件坏事，但重要的是要了解身体对它的反应。比萨富含碳水化合物，会导致体内胰岛素激增（胰岛素是一种脂肪储存激素，它会将血液中的葡萄糖转移到肝脏、肌肉，最终到达脂肪细胞），而胰岛素的存在意味着身体没有处于脂肪燃烧的状态，这就带来了问题，因为大多数比萨都富含饱和脂肪。如果比萨是人们的常规饮食，那么就很容易看出它对身体成分的影响。

**血糖管理**

血糖管理也被称为血糖变异性。控制血液中的葡萄糖水平不仅对控制身体成分十分重要，而且对能量调节和减少炎症也很重要。最近的研究表明，炎症和血糖变异性与寿命密切相关，所以如果你希望健康长寿，那就需要注意自己的血糖水平。我们摄入食物（尤其是碳水化合物）时，血糖水平会上升，身体认识到这一点后，从胰腺释放胰岛素控制葡萄糖，胰岛素与葡萄糖结合，之后葡萄糖被输送到肝脏、肌肉，最后输送到脂肪细胞。如果血糖水平持续或频繁升高，细胞将对胰岛素产生抗药性，导致血糖水平升高和血液中胰岛素过量（高胰岛素血症），这极其危险，最终会发展为 II 型糖尿病。吃高糖食物会给你提供能量，但这只是暂时的，你的血糖水平会迅速下降，导致你感到饥饿和能量不足。这就产生了"过山车效应"，通常会对身体成分产生负面影响。

**个性化饮食和生活方式**

如果你经常吃会使血糖升高的食物，或者因为你对这些食物敏感而体内产生炎症，这将影响你的身体成分。如前所述，我的饮食具有高度个性化的特征，这能够帮助我找到自然调定点，这是因为当饮食适合自己时，身体会找到自己的调定点。我们在饮食中应避免摄入引起身体出现不良反应的食物，食用令身体反应良好的食物，此外还应避免或尽量减少干扰因素，例如睡眠不足、酒精、压力、污染等，使身体处于良性压力和恢复状态。所以你会发现，在休息时保持现有的身体成分相对容易。你可以让自己的生活方式更加个性化，选择自身反应良好（和自己喜欢）的运动，保持日常锻炼的连贯性，必要时补充额外的运动项目，做自己喜欢和对自己重要的事情（比如练习正心）。

## 基因

基因在身体成分中扮演着重要角色，从肌肉组织到身体反应良好的食物类型，都可以看到基因的作用。人类的体型在很大程度上也取决于基因，像英国田径运动员杰西卡·恩尼斯·希尔（Jessica Ennis Hill）这样身材苗条的人，无论她进行何种训练，都无法变成塞雷娜·威廉姆斯那样的体型，因为她根本没有那样的基因，反过来也一样。我们都能通过训练和补充营养来锻炼肌肉，但这种能力也受到基因的深远影响。这是一个宏大的话题，但以上已经足够说明基因对身体成分的关键作用（基因无法主宰一切，所以身体成分仍然会受到饮食、训练和其他环境因素的影响）。

简单说一下脂肪吧。其实我们不应该害怕脂肪，因为保持健康需要一定量的体脂，尤其是女性。体脂较低时，能量就容易耗尽，会让你感到疲倦和寒冷，还会导致激素紊乱。对女性来说，这可能意味着月经不调。关于健康的脂肪水平，请在搜索引擎中搜索"女性健康体脂百分比"或"男性健康体脂百分比"。我们可以使用 DEXA 扫描[1]来测量我们的身体成分，这是一种测量骨密度的特殊 X 光射线，其优点是其测量具有准确性，缺点是它有辐射，所以我们不能经常做这个测试。我们还可以借助生物电阻抗法，这种方法是将一种轻电流引入我们的身体，用来测量电流的阻力（或阻抗）程度，从而估算体脂百分比。这种方法的好处是容易掌握，可以在家里随时使用，缺点是测量结果并不是绝对准确的。我们也可以使用卡尺这种简单的手持仪器，来测量被挤压的脂肪，但同样，它也不完全准确，因为它依赖于我们每次使用时是否都能找到相同的测量位置。我们也可以使用 3D 扫描仪，站在它的旋转板上，面对着看起来像一面全身镜的扫描仪，它会将我们身体的 3D 图像发送到手机上，这样你就可以查看自己身体成分的变化。这个仪器构思巧妙但价格不菲。

---

1　DEXA扫描，即双能 X 线吸收测量法，是一种利用身体不同组织对X光吸收率不同的原理来测量体内脂肪含量的方法。

# 优化身体成分的方式

## 根据基因选择食物

我们已经讨论过基因在身体成分中的作用，所以通过基因测试来了解自己的身体对某些食物的反应，以此来合理安排饮食，具有重要意义。现在，直接触达消费者的测试（DTC）[1]易于操作且价格友好：只需提供唾液样本，几周后就能收到自己大致的健康规划。我目睹了基因检测对减脂和肌肉的影响。还有许多测试能告诉我们，自己的身体对哪种类型的训练——力量或耐力训练反应最好，因此可以根据遗传优势定制锻炼内容，从而充分利用自己的运动时间。

## 举重

肌肉比脂肪在代谢上更活跃，所以我们体内的肌肉越多，基础代谢率就越高。基础代谢率是指身体正常运作所需要消耗的能

---

1　DTC是Direct to Consumer 的缩写，是直接触达消费者的品牌商业模式的简称，DTC品牌也被称为数字原生垂直品牌，核心理念是"以消费者为中心"的商业思维。

量，它不包括运动燃烧的热量。增加基础代谢率有助于维持身体成分或提高体脂百分比。举重有利于增强肌肉张力、肌力和耐力，促进激素的分泌，包括胰岛素样生长因子 1 [1]，它有助于刺激大脑中的连接，增强认知功能。举重还有利于长寿。在 2016 年 11 月的 TEDx 演讲中，我提出"健康比体重更重要"的观点，因为力量、整体健康和幸福感比"完美"身材更重要。

### 保持心情愉悦

许多人在不开心的时候会去吃东西，而他们因此发胖时就变得更加不开心。快乐会积极影响身体内的激素，进而影响我们的决定，尤其是食物和运动方面的决定。在 2015 年进行的一项研究中，临床心理学家莎伦·罗伯逊（Sharon Robertson）发现，肥胖与心理健康缺失之间存在直接关联。罗伯逊女士说：

> 我们的研究初步着眼于肥胖人群的幸福感和健康。我们在全国选择 260 名成年人作为样本，根据他们的身体质量指数将其分为五类：正常体重，超重和肥胖 1、2、3 类。我们

---

1　胰岛素样生长因子1（Insulin-like growth factor 1，IGF-1）也被称为生长调节素 Csomatomedin C。

发现，肥胖的人比正常体重和超重的人更容易抑郁，体验到的积极情绪更少，这种幸福感缺失可能会导致减肥失败。（阿德莱德大学，2015）

**经常运动**

为了保持合理的身体成分，我们可以做的最有效但最容易被低估其意义的一件事就是减少运动量的同时增加运动次数。散步虽对肌肉张力和有氧健身非常有效，但许多人的运动量不够。我已经列出相当多的技巧，能够促使我们在一天中做更多运动，所以我就不再重复了，而且那些技巧应该是我们健身和优化身体成分的主要方法。

# 身体成分与健康相互关联

身体成分会影响睡眠，特别是如果我们超重（过多的脂肪会影响呼吸道并导致睡眠呼吸暂停等问题）或体重过轻（容易感到寒冷），对睡眠的影响会更大。过度运动的症状之一是睡眠不足或睡眠中断。

身体成分通过影响激素、肠道细菌以及我们对自身的感觉来影响心理健康。我们不开心时更容易感到焦虑或抑郁，这可能会致使我们停止锻炼或选择不健康的食物，从而形成一个恶性循环。

身体成分和能量息息相关。我们身体的脂肪和肌肉处于健康水平时，能量水平也刚刚好；但脂肪水平下降或当我们运动过度时，能量水平就会下降。提高能量水平的最佳方式是保持体内水分、脂肪、骨骼和肌肉的良好平衡。

身体成分也和消化密切相关，我将在下一章详细叙述。

最后要讲的是身体成分和体能。身体成分越合理，体能就越好。当我们的健康状况下降时，无论是肌肉减少还是脂肪增加，都会影响身体成分。总之，体内的一切都相互联系。

## 身体成分总结

1. 身体成分受基因影响，所以基因测试可以帮助我们更加了解自己的身体，包括身体对饮食和运动的反应。

2. 肠道细菌也会影响身体成分。

3. 基础运动对身体成分的影响很大，有时甚至超过有组织的运动课程。

4. 从肌肉和脂肪燃烧的角度出发，举重能够优化身体成分。

# 第十一章 六种信号：消化

消化是将食物分解成小分子营养物质，被血液吸收后用于提供能量、促进生长和修复细胞的过程。消化过程主要在胃肠道、肝脏、胆囊和胰腺中进行，但也涉及微生物组（细菌和肠道菌群）和肠神经系统。

消化过程相当复杂，但这也正是人体构成复杂精巧的鲜明体现。以下是消化过程：大脑对食物气味做出反应（这就是为什么超市里烤面包的味道会吸引你），向唾液腺发出释放唾液的信号，待食物入口后，唾液中的酶会立即开始分解食物；接下来，牙齿咀嚼食物（舌头辅助），嚼碎后，从咽部吞下；之后，嚼碎的食物通过食道（辅以蠕动的波浪状运动）到达胃，被盐酸分解成食糜；最后，食糜来到小肠，在那里被分解成碳水化合物、蛋白质、脂肪和纤维。脂肪是一种能量来源，帮助身体吸收维生素；蛋白质被转化为氨基酸并被血液吸收；碳水化合物被转化为糖和淀粉。最终，这些物质进入大肠，大肠里有益生菌，它们可以去除致癌物，增强免疫系统，预防过敏，帮助对抗炎症，改善情绪，维持神经系统平衡并调节激素水平。

## 消化的重要性

如果消化过程一切顺利，而且我们吃饭时处于比较放松的状态，那么92%—97%的食物和饮料都能被适当消化。但如果消化功能出现问题，就会导致肠易激综合征、炎症性肠病、溃疡性结肠炎、乳糜泻[1]、食物不耐受或食物中毒等问题。由此可以得知，肠神经系统在消化过程中也起着关键作用。肠神经系统是自主神经系统[2]的重要组成部分，由控制胃肠功能的网状神经元系统组成——它受到神经的高度支配，完全独立于大脑，因此被称为"第二大脑"。（与我交谈过的一些专家认为，肠神经系统实际上是"第一大脑"，是人们健康和幸福的控制终端，但这一观点有待商榷。）肠神经系统具有许多重要的功能，包括阻挡病原体、解毒、清理身体的垃圾、分泌激素、维持免疫系统运转等。它还与下一节的主题——微生物组密切相关。

---

1 乳糜泻（Celiac Disease, Celiac Sprue）是患者对麸质（麦胶）不耐受而引起的小肠黏膜病变为特征的一种原发性吸收不良综合征。

2 自主神经系统是调节内脏活动的神经组织，又称植物神经系统、内脏神经系统，是神经系统的重要组成部分，包括交感神经系统和副交感神经系统两部分。

# 微生物组

肠道微生物组是肠道（处理和消化食物的胃肠道部分）中的细菌生态系统。在一个正常成年人体内，健康肠道中的微生物细胞是人体细胞的 10 倍；人体内的 100 万亿个细菌细胞（约 4000 种），其中大约有 1 万亿个位于结肠中。微生物的总重量为 1.36 千克，与人脑的重量大致相同。复杂的肠道让人们对其充满好奇，但其实我们现在已经足够了解这些微生物在健康中发挥的重要作用了。

假设我们是经阴道分娩的，那么我们体内最初的微生物是从母亲那里获取的。当我们通过阴道时，身体沾满了微生物，这会对婴儿的微生物组和免疫系统产生直接影响。我们还能通过母乳获得微生物。如果你不是经阴道分娩或母乳喂养，那么你体内最初的微生物将来自为你接生的护理团队和医院环境。2018 年 11 月，卢森堡大学的一项研究发现，来自母亲肠道的特定细菌会传递给婴儿，刺激婴儿的免疫反应，关键是这种传播影响了剖腹产出生的孩子。该项研究的负责人保罗·威尔姆斯（Paul Wilmes）副教授表示：“从流行病学的角度，这可能解释了与阴道分娩的婴儿相比，剖腹产婴儿更易患上免疫系统相关慢性病的原因。”[1]

我们现在知道抑郁症与炎症密切相关。身体处于炎症状态十

---

1 《每日科学》，2018年。

分正常，而炎症反应的一部分表现是，体内白细胞与免疫细胞增加、细胞因子生成，这些物质实际上有助于抵抗感染。正常的炎症反应是对伤口的反应——身体会以保护性的方式做出反应，避免伤口感染。身体中的炎症反应可能是由慢性压力、不良饮食、过敏、食物不耐受、脂肪过多或过度接触毒素（如污染、家用清洁产品中的化学物质或空气中的霉菌）引起的。

治疗抑郁症的一种常见方法是使用选择性血清素再摄取抑制剂，或采取认知行为疗法等谈话疗法，这在萨拉的故事中提到过。有时，药物治疗很有必要，不过我是谈话疗法的坚定支持者，毕竟在治疗之前或治疗时调查所有致病的潜在原因不是更好吗？

麦克马斯特大学的一项研究证实了肠道健康（特别是细菌）和抑郁症之间的联系。研究人员选取两组老鼠，将它们与母亲分开，每次3天，并给它们施加压力。每组小鼠都处于不同的环境中：第一组小鼠处于无菌环境中；第二组小鼠暴露在普通而复杂的细菌环境中。对照组在无菌环境中，而且没有与它们的母亲分开；第二组小鼠（肠道微生物组正常）在压力下应激激素皮质醇异常增加，还出现焦虑和抑郁的迹象。与此同时，第一组小鼠的行为与对照组小鼠相似，没有表现出焦虑或抑郁的症状。然而，当第二组的细菌注射到第一组小鼠体内时，它们也开始出现焦虑和抑郁的迹象，这表明细菌会严重影响心理健康，特别是引发焦虑和抑郁症。我们现在正在探索肠道健康和自身免疫性疾病（如风湿性关节炎、哮喘、湿疹和自闭症）之间的联系。研究发现，一种特殊的细菌菌株——约氏乳杆菌可能预防某些癌症；嗜黏蛋白阿克曼菌[1]可以预防导致动脉中脂肪斑块积聚的炎症。虽然在这方面的探索还有很长的路要走，但这是个振奋人心的科学领域，值得关注。

## 保持微生物组健康的方式

### 饮食多样化

我们吃的食物中，70% 来自 12 种植物和 5 种动物，所以实际上我们的饮食范围很窄。2018 年年末，我的公司 Bodyshot 发起了一项挑战，想要看看 7 天内吃 50 种食物（即 50 种不同的食物）是件多么容易的事情。我和我的合伙人都很努力，但只吃了 48 种。作为 Bodyshot 的创始人，我们有动力做好榜样！我们已经习惯吃有限范围内的食物，这会影响微生物组。一个很好的建议（尤其是如果有孩子的话）是尝试让我们盘子里的食物颜色像彩虹一样丰富，每天至少有一顿饭是如此。同时，还要考虑不同的口味、质地和口感，保持食物的多样性和趣味性。尽可能选

---

1　嗜黏蛋白阿克曼菌（Akkermansia muciniphila ，Akk菌）是人类肠道的正常菌，是一种黏蛋白分解细菌。

择有机食材和本地采购的食材，而且每天还应摄入一定量的发酵
食品。

## 谨慎使用抗生素

如果医生给我们开了抗生素，那就很有必要询问医生有无其
他选择，如果没有，那我们当然应该遵循医嘱，但在完成治疗过
程后应尽快修复微生物组，因为抗生素虽然会有效地杀死那些让
我们疼痛或生病的细菌，但也有很多附带的损害。让肠道重新充
满有益细菌的好方法包括摄入大量发酵食物，补充益生元和益生
菌（最好是从食材中获取，但也可以食用上乘的补品）；限制糖
的摄入（这些与炎症和细菌感染有关）；减少摄入咖啡和酒精，
因为它们对微生物组也很不友好；避免质子泵抑制剂[1]，如治疗消
化不良的非处方药和布洛芬。即使我们最近没有服用过抗生素，
也要注意以上方面，因为这些都是很好的建议。

---

1 质子泵抑制剂（proton pump inhibitors, PPIs）是目前治疗消化性溃疡效果最好的
一类药物，它通过高效快速抑制胃酸分泌达到快速治愈溃疡的目的，且本身也
有抗幽门螺杆菌的作用，故在抗幽门螺杆菌治疗中是首选。

# 如何改善消化

## 用心吃饭

为了有效消化食物，我们的神经系统需要处于副交感神经支配状态（即休息和消化状态）；为了改善消化，需要通过身体吸收食物气味来让身体做好消化准备。饭前深呼吸，放松身体，此外，还可以试试这个好方法：花点时间欣赏面前的食物，想想为这顿饭做出贡献的动植物。在某些文化中，饭前要感恩食物，虽然我不信教，但我喜欢对食物表示感谢，并思考食材的来源。我们吃得太快或处于紧张状态时，就无法从食物中吸收所有的营养，所以我们吃的食物和我们吃东西时的状态一样重要。

## 细嚼慢咽

吃饭时除了要专心，还应放慢吃饭速度，因为这有利于消化。我们吃得太快时，会引起不适，也会阻碍瘦素发挥作用。没有这一重要的信号，我们就很容易吃得过饱。每吃一口之后放下刀叉是个放慢吃饭速度的好方法，因为我们要咀嚼一定的次数才能吞咽食物。这种做法能够改善消化，因为顶级运动员（比如前面提到的网球运动员德约科维奇）进食时都会明确咀嚼次数——他们

吃东西的方式和训练的各个方面同样重要。还要注意，饭后 3—4
个小时才能上床睡觉。

## 吃未经加工的食物

身体会更容易消化看起来像食物的食物，即未经加工的食物。
我们需要考虑自己的个人喜好、生活方式和基因敏感性，但坚持
食用未经加工的食物将有助于消化，因为它们通常更容易被身体
消化。一条可循的经验法则是：想象一下，如果我们的祖先来到
家里，看着我们的餐盘，他们会认出这些食物吗？如果我们吃的
是植物、肉类或乳制品，那么他们可能认得出来，但如果我们吃
的是加工食品，如馅饼、糕点等，那么他们大概率认不出来。显
然，偶尔吃加工食物不会对我们造成伤害，但仅仅是偶尔吃。而
且，我们吃的食物一定要富含大量纤维。

## 食用益生元和益生菌

益生元和益生菌是我们肠道细菌的来源，如前所述，它们帮
助我们从食物中提取能量并将其分解，达到最佳的消化效果。我
们可以通过食用益生元食物滋养现有的细菌——这些食物包括煮
熟的洋葱、生大蒜、香蕉、生韭菜、生芦笋，以及存在于水果和
蔬菜中的天然膳食纤维。这些食物必须包含在我们多样化的饮食

中，为肠道细菌提供营养。益生菌是新细菌的来源，通常存在于发酵食品中。这些食物包括德国酸菜、康普茶、味噌、泡菜、酸奶和我最喜欢的开菲尔。我每天早上都会喝一小杯山羊乳开菲尔，它产自西威尔士一家名为 Chuckling Goat 的农场。羊奶不像牛奶那样含有 A1 酪蛋白，因为我患有乳糖不耐症，所以不喝牛奶，因此羊奶很适合我。羊奶含有大量新菌种和色氨酸，色氨酸是血清素的前体，也是益生菌的绝佳来源。

## 消化与健康相互关联

消化以多种方式影响睡眠。首先，睡眠让消化系统有机会休息。白天，消化系统会不断地分解食物来为日常活动提供能量；当你睡觉时，对葡萄糖的需求会大大减少，消化系统也随之减少工作。睡眠能够恢复体力，这对于消化系统的正常运转至关重要。睡眠不足更易导致发炎，想吃甜食，降低抗压能力，还会导致重要的激素失去平衡，比如皮质醇、褪黑素和血清素。

消化与心理健康有关，这一点我们已经讨论过了。研究人员发现某些细菌与抑郁和焦虑存在联系。人体的大部分血清素存在于肠道中，所以肠道问题可能会导致心理健康问题的说法是有道理的。

消化通过细菌多样性来影响能量，而且消化系统不健康的人都知道消化不良会带来痛苦，使人衰弱，消耗能量。

消化会对身体成分产生负面影响，部分原因是消化会影响能量，但也有部分原因是某些类型的细菌与肥胖有关。

所有信号最终都会影响体能以及你在日常生活中的整体健康状况。所以，可以说任何与消化有关的问题都会影响健康。

## 消化总结

1. 照顾好肠道微生物群——它是你健康和幸福的关键！

2. 饮食要多样化，尽量多吃不同种类、口味和质地的食物。

3. 细嚼慢咽，达到最佳的消化效果。

4. 少用抗生素（和其他抗菌产品，如洗手液）；如果你必须服用益生元和益生菌，那就尽量让它们作用于肠道微生物组。

# 第十二章 六种信号：体能

## 什么是体能？

体能是身体健康的条件，但对我来说，它的重要性远不止于此。体能决定你能否应对日常生活中的考验，以及是否有精力做所有你想做的事情。如前所述，体能不仅与身体有关，它还涉及心理、情感和精神。

体能涉及五个部分：

1. 肌肉力量。

2. 肌肉耐力。

3. 心血管耐力。

4. 灵活性。

5. 身体成分。

# 缺乏体能的症状

1. 容易喘不过气来。

2. 肌肉紧绷——尤其是胸肌、腘绳肌和髋屈肌，这被称为"打工人姿势"，通常长时间坐在办公桌前的人才会有这种姿势。

3. 柔韧性差——肌肉、韧带、肌腱和结缔组织紧绷，整体僵硬，更易受伤。

4. 改变身体成分——增加脂肪储备和体重，减少肌肉量。

5. 能量较少或不足。

6. 睡眠不足——我们已经讨论过，缺乏体能会对睡眠产生负面影响。

7. 免疫系统受到抑制——可能经常生病或者难以从疾病中恢复。

8. 跟不上同龄人——也许曾在休闲运动中很有竞争力，但现在体能跟不上了（和孩子玩也一样）。

9. 收到医生的警告——也许医生已经明确地告知需要多运动，因为健康是重中之重。

10. 过去认为简单的事情现在无法完成——比如拎购物袋、抱孩子、从机场的行李传送带上提下行李，或者只是跑着赶公交车或步行上下班，这些简单的事情都可能变得更具挑战性。

# 如何提升体能

### 日常多做运动

我已经几次提到过这一话题，因为运动是我们整体健康的基础。运动对整体健康、长寿、能量、心理健康和降低疾病风险有很大好处。我喜欢"祖先运动"这个词。我们可以想想过去祖先运动的方式，他们肯定不会在 1 个小时内完成所有活动，然后在一天的剩余时间里久坐不动。其实，他们整天都在做低强度和中等强度的运动：寻找食物，在营地周围走动，蹲着清理物品或磨工具，等等。当然，他们偶尔也会做一些高强度运动，比如打猎或被猎杀，但随后他们会回到营地恢复体力。可能的话，我们应该尝试模仿这些运动模式，因为这些都是我们该做的事。我很感激我们不再需要蹲着磨工具或寻找食物，但我们可以通过其他方式将这些运动融入现代生活，因为它们很重要。

### 做大量中等强度的运动

这些运动可能是慢跑、遛狗时快步走、快步走到车站坐车、游泳、园艺活动、跳舞或骑车去上班。中等强度的运动使心率略微升高，并且能对 DOSE 四种神经递质产生积极影响。英国政府倡导每周进行 150 分钟的中等强度运动，相当于一周 5 天，每天 30 分钟，不过这应该是最低要求。每天抽出时间做点运动能为健康带来许多好处，但是研究表明，每天运动超过 90 分钟会导致运动带来的好处有所递减，所以不要运动过度。

注意：如果你不经常锻炼，那就在开始运动计划或变得更有活力前咨询医生。

### 偶尔进行高强度的体育锻炼

这包括塔巴塔训练、其他形式的高强度间歇训练[1]、间歇性冲刺训练和室内团体自行车训练（室内团体自行车训练是我 2018 年最喜欢的运动，也是让我每周感到最兴奋和最有趣的一种锻炼形式。我推荐英国的 Psycle 和美国的 Soul Cycle，它们都是知名的室内自行车俱乐部）。塔巴塔训练也是我的最爱，它由日本运动科学家田畑泉博士和东京国家健康与运动学院的研究人员创立。塔巴塔训练耗时短但是强度高，我们可以做一些像深蹲、开合跳或波比跳这样的运动，在 20 秒内尽可能多地重复做，然后休息 10 秒；

---

1 高强度间歇训练（HIIT）是一种让你在短时间内进行全力、快速、爆发式锻炼的训练技术。这种技术让你在短期内心率提高并且燃烧更多热量。"一种高强度锻炼使得身体对氧气的需求增加，并且制造缺氧状态，导致你的身体在恢复期间需要更多氧气。"

训练时可以借助计时器，重复 8 组，共计 4 分钟。如果以正确的强度完成，我们会在 4 分钟结束时十分疲惫。我喜欢这一点，因为如果时间不够，还想在 15 分钟内进行有效运动，那么塔巴塔训练很管用：先花 5 分钟热身，再花 4 分钟做塔巴塔训练，然后 5 分钟做整理运动。根据美国运动医学学会会议的研究，塔巴塔训练每分钟可以燃烧 13.5 大卡（相比之下，跑步——不是慢跑燃烧大约 10 大卡），并在 30 分钟内使我们的新陈代谢率翻倍。人们在健身时最常犯的错误之一是认为自己需要的时间很多，实际上并非如此，其实 10、15 或 20 分钟对有效的运动来说绰绰有余，这也适用于力量训练和其他形式的锻炼。

## 拉伸和柔韧性

适当的伸展和柔韧性训练对健康有好处，但这一点经常被忽视。我在健身后会做一些静态拉伸，在剧烈运动后会使用泡沫轴放松身体。我练过瑜伽，它对拉伸和柔韧性很有帮助，但我现在练习的是一种称为"动物流"[1]的体重训练，它与瑜伽有些相似。

---

1 动物流是一种无器械健身运动。动物流以模仿地面动物的运动形态为主，结合了瑜伽、霹雳舞、体操等元素发展而成，富有创意，具有挑战性和趣味性。动物流训练不需要借助器械，只依靠自身的重量来进行训练，锻炼自己身体的力量、耐力、平衡能力、柔韧性等，对场地没有太高的要求。

我们需注意，不要忽视训练体能，特别是在办公室工作或没有机会随心所欲运动的话，就更要注重增强体能。

## 恢复

我在"能量"一章中讨论过这一主题，所以这里我就不再赘述了，我只想说，这是健康最重要的方面。或许恢复与训练和工作一样重要，能否调节压力的重点在于恢复。我最喜欢的一些恢复方式包括遛狗（我遛狗的速度比正常散步慢得多——这是为了放松，而不是为了到达某个地方）、坐在后花园的红外线桑拿房里蒸桑拿、在家或电影院看电影、每天冥想 10 分钟、在花园里睡觉、读书、静坐、工作、和朋友在一起、按摩，这些活动要有其针对性。

## 办公桌前的运动

即使长时间坐在办公桌前，仍然可以做很多事情来保持活力：可以用压力球挤压前臂肌肉，如果反复挤压（15 次或更多），就会感觉到效果；还可以用压力球挤压手臂、核心[1]和腿部等部位的

---

1　核心是身体的整体中间区域，包括腰椎、骨盆、髋关节及周围的肌群。

肌肉。这样做后，心脏会向肌肉输送新鲜的含氧血液，甚至可能促进肌肉张力。此外，每隔30—60分钟站一站，绕办公室走一圈；在办公桌上放一小杯水，而不是一瓶水，这样你可以经常起身接水。如能量部分所述，要减少办公桌的便利性，能站着的时候就不坐着，组织步行或站立会议，在办公室里放一个泡沫轴或壶铃。如果在家工作，可以在早晨和中午散步。保持活力能够使我们具有敏锐的认知能力，促进神经发生，保持新鲜血液在体内循环流动并降低肌肉紧绷的风险。

## 体能与健康相互关联

体能与睡眠密切相关，具体信息已在"睡眠"一章中详细介绍过了。我们的身体素质在晚上睡觉时得到提升，同时，心理健康也与睡眠密切相关。经过一段时间的高强度学习后，快速眼动睡眠[1]和深度睡眠可以帮助我们巩固学到的知识，加深记忆。睡眠是合成代谢的过程，因此能够促进身体生长和大脑的学习。

---

1　快速眼动睡眠又叫作异相睡眠，也有人把它叫作积极睡眠（Active sleep），是指在睡眠过程中有一段时间脑电波频率变快，振幅变低，同时还表现出心率加快、血压升高、肌肉松弛、阴茎勃起，最奇怪的是眼球不停地左右摆动。快速眼动睡眠以外的其他睡眠称为慢波睡眠，又叫作安静睡眠（Quiet sleep）。

　　良好的体能对于心理健康具有重要意义。我们体内会定期产生 DOSE 四种神经递质，让我们自我感觉良好，这就能确保大脑充满新鲜的含氧血液，促进神经发生。

　　体能和能量之间的联系显而易见。没有能量，就很难有动力锻炼或使身体活跃起来，而体能好又可以增加能量。如果我需要精神上和身体上保持精力充沛，我就会在那天早上或前一天做中等强度到高强度的锻炼。

　　体能与身体成分相关，超重的同时保持良好的体能是可行的，这比体能不好且不超重更好，我在 TEDx 演讲中已经解释过原因了。一般来说，我们的体能越好，身体成分就越合理。

　　有趣的是，体能不一定与消化系统的健康呈正相关。许多非常健康的耐力型运动员消化系统都会出现问题，部分原因是长期运动对他们的肠道造成了压力，以及他们以运动饮料和凝胶的形式摄入了大量葡萄糖。如果一个人整体健康，也就是说，他们兼顾运动与恢复，关照自己的身体，睡眠质量高，饮食高度个性化并练习正心，那么他的消化系统就会十分健康。如果我们体内微生物组失衡，或者有害细菌大量繁殖，就会影响体能水平，因此两者之间存在着密切联系。

## 健康总结

1. 体能是锻炼、运动和恢复的结合，涉及心理、身体、情感和精神。

2. 恢复与训练和工作一样重要，大多数人都没有意识到这一点。

3. 尝试把尽可能多的祖先运动融入生活——以日常的低水平运动为基础，结合中等强度和高强度运动。

4. 将体能视为六种信号之一并且与健康模型相关联——一切都会影响体能，而体能又是其他信号的核心。

## 蓝色地带

"蓝色地带"是研究人员丹·比特纳（Dan Buettner）创造的一个术语。丹·比特纳是畅销书《蓝色地带》(*The Blue Zones*)的作者。"蓝色地带"指的是世界上百岁老人比例最高的五个地区，换句话说，在这些地区，活到 100 岁及以上的老人比世界上其他地方都要多。这些地区是：美国加州洛马林达、日本冲绳、哥斯达黎加尼科亚半岛、希腊伊卡里亚岛以及意大利撒丁岛奥格里亚特地区。这些"蓝色地带"一被确定，比特纳和他的团队包括医学研究人员、人类学家、人口学家和流行病学家就开始寻找证据，寻求这些地区之间的共同点。最终研究发现了称为"Power 9"的9种习惯：

1. 坚持运动：这些百岁老人不去健身房，也不做任何有计划的锻炼，而是耕种土地、打理花园、步行上下班，进行高水平的日常运动。

2. 目标明确：有明确的目标能使寿命延长7年，"蓝色地带"的百岁老人都有明确的目标，无论是他们清楚的个人目标还是种族和社区的目标。冲绳人称此为Ikigai，尼科亚人称此为plan devida。

3. 排解压力：生活在"蓝色地带"的人们特别关注有助于减压的活动，比如他们享受一天都与亲人朋友待在一起，一起喝杯酒、祈祷、小睡，度过快乐时光。定期休息并恢复体力，同时与社会互动相结合是他们常做的事。

4. 吃八分饱：这一原则在冲绳特别明显，那里的人们称之为bara bachi bu，这是一个有2500年历史的儒家信条，意思是"每餐只吃八分饱"，这可以防止暴饮暴食和不必要的体重增加。

5. 植物性饮食：所有"蓝色地带"的百岁老人都常吃豆类，比如蚕豆、扁豆。他们还将肉类消费限制在每周一次左右。

6. 适量饮酒：许多百岁老人虽然每天都饮酒，但饮酒量适中。他们每天的饮酒量很少超过一杯，喝的可能是他们自己或当地酿造的葡萄酒。他们还将喝酒与社交聚会结合起来，因此他们从不独自饮酒。

7. 归属感：大多数百岁老人都居住在以共同信仰为基础的社

区，这为他们提供了共同的目标和与他人联系的机会。

8. 亲人至上：与伴侣一起生活可以延长 3 年寿命，许多百岁老人已经儿孙满堂并与他们生活在一起。

9. 有适合自己的生活圈：冲绳人强调维持一生的友情关系，称为"moais"，这是一种 5 个朋友组成的团体，他们彼此终身陪伴。此外，他们还创造了社交圈，鼓励朋友们养成好习惯。

## 延长健康寿命

我公司的口号是"健康寿命，不只是寿命"。健康寿命是指我们生命中健康的年数，而不是活的总年数。我注意到，最令人担心的问题之一似乎是人们对未来健康的担忧。最近有人和我说，他担心自己今天的生活方式可能会影响未来的健康。这对他来说是无法忍受的，所以他开始增加锻炼和睡眠时长，并调整饮食。我的目标是活到 100 岁时仍然能够保持所有能力，而且过着高水平的生活。但如果在最后的 25 年里，我走路、打扫卫生和完成其他基本的私人活动需要别人帮助，那我宁愿活不到 100 岁。为了让自己有最大的可能活到 100 岁，我现在就要开始行动，因为我不想让现在的生活方式影响未来。

我希望在你读完这本书后能确定自己要做的两三件事，从而采取措施改善健康状态，减少倦怠风险，延长健康寿命。把这些事情做好之后，再开始做另外两三件事。通过这些方式，你将不断朝着优化身心健康的方向前进，朝着你想要的生活前进。

# 第十三章　值得借鉴的做法

毋庸置疑的是，现在的文化呼吁人们与时俱进，随时"在线"。同时，工作与私人生活的界限变得模糊，因此我们都崇尚这种文化：以牺牲家庭生活和做其他事情（如体育锻炼和娱乐）的时间为代价，奖励无休止的工作和牺牲时间的行为。当然，我们大多数人都需要工作来养活自己和家人，但对于管理者来说，事情似乎没那么简单。随着工作时间与私人时间的重叠，我们正在失去越来越多的空闲时间，而且电子设备的入侵也打乱了我们本该休息的时间。移动设备和智能手机等技术的发展逐渐模糊了工作和休闲之间的界限，而且有效确保无论我们是否愿意都能时时刻刻处于"在线"的状态，无论是新闻、社交媒体、电子邮件，还是即时消息、文本信息和最新资讯，我们都只需要用手指轻轻一划。想想自己的工作原则是否合理，比如你是否在工作时间以外查看和回复电子邮件或接听电话，我想大多数人都会承认工作与生活难免存在不平衡。

当然，有的国家似乎比英国在平衡工作和家庭生活方面做得更好，但也有必要说明一下，还有许多国家的工作条件比英国差得多。经济合作与发展组织的报告显示，生活和工作最幸福的十个国家是澳大利亚、冰岛、芬兰、瑞典、挪威、瑞士、加拿大、奥地利、荷兰和丹麦。我选择其中几个国家，分析了它们获此殊荣的原因。

## 挪威

在挪威，人们的生活质量非常高，这与挪威的工作、休闲和健康文化有关。挪威的福利制度健全，能够为那些需要它的人服务；同时挪威鼓励父母休育儿假，让家庭在孩子和事业之间实现更好的平衡。并且，挪威的公共假期比英国更多，员工另外享有五周的年假。挪威也高度重视假期和自由时间，挪威人的工作时间通常是早上8点到下午4点，这就为工作之外的活动预留了时间。大多数企业在周日关门歇业，这有助于创造一种文化氛围——每周至少有一天用来休息和放松，因而整体的生活节奏就会放慢，甚至公共汽车和火车在周日也会减少服务时长，而且也不存在所谓的24小时购物。所有这些都使挪威人能够优先考虑家庭和私人生活。

由于挪威幅员辽阔，所以你日常生活中的活动量通常会更大，在那里，运动几乎是必不可少的，尤其是在冬季，最重要的是那里空气清新。挪威的社区规模往往比较小，房屋内外空间很大，而且没有人口过多的区域，所以不会造成压力。

挪威人的饮食大都富含油脂，而且人们经常食用新鲜鱼类，几乎没有快餐，所以很少有关于体重和其他与饮食相关的健康问题。受到国家规模和土地面积的影响，挪威的生活节奏自然变慢了，这可能就是挪威人因工作产生的心理健康问题比我们少的原因。

## 瑞典

在撰写本文时，瑞典已开始试行 6 小时工作制，在此之后，从公司、企业到养老院、医院，几乎方方面面都做出了改变。希望这项措施能够提高生产力，让人们感到快乐的同时拥有更多的时间和精力来经营私人生活。这是个大胆的举措，但我敢打赌它行之有效。

有趣的是，丰田在哥德堡的工厂实行缩短工时的政策已经超过 13 年了。他们的报告称，这项举措不仅促使利润增加、提升员工的幸福感，还显著降低了员工的流失率。缩短工时也需遵循一些规定，例如，禁止使用社交媒体，只有绝对必要时才能召开会议，并将任何可能会分散员工注意力的事情控制在最低限度。

其他企业也开始意识到可以通过更平衡的方式安排工作周。在撰写本文时，优衣库刚刚开始为其日本全职员工提供每周 4 天的工作选择，然而，目前还没有报道称对欧洲或美国的工人采取同样做法。从表面上看，这似乎是朝着工作与生活平衡的方向迈出了正确的一步，但仔细一看，并不像我们想象的那样。如果一周工作 4 天，那么每天的实际工作时长是 10 个小时而不是 8 个小时，所以选择每周工作 4 天的人将不得不在周末和节假日工作。不过，在工作时间上为员工提供更多选择是个好的开始。

与挪威类似，瑞典的其他福利包括全民医疗、5 周年假和 480 天附带 80% 工资的育儿假。请注意，这是育儿假不是产假。

瑞典的空气更清新，水也更纯净。像挪威人一样，瑞典人一年四季都热爱运动，积极生活。

想想 6 小时工作制能否在英国实现是件有趣的事，所以在工作与生活平衡方面，我们可以向瑞典人多多学习。

## 瑞士

与大多数国家相比，瑞士的工作文化无疑要宽松得多。就像之前提到的斯堪的纳维亚国家[1]一样，瑞士也为工人们提供了慢节

---

1　斯堪的纳维亚半岛位于欧洲西北角，濒临波罗的海、挪威海及北欧巴伦支海，与俄罗斯和芬兰北部接壤，北至芬兰，意为"斯堪的纳维亚人居住之地"。地理上的斯堪的纳维亚半岛包括挪威和瑞典；文化与政治上则包含丹麦、芬兰、冰岛和法罗群岛等北欧国家。因其与丹麦、挪威和瑞典相近的历史和文化背景，有时也被纳入斯堪的纳维亚。

奏的生活环境。

商店在周日都关门，一般来说，这一天是家庭日和休闲时间，而不是忙于生意的一天。过圣诞节时，从平安夜到 1 月月初通常会完全停工，这实际上是在至少 4 周年假的基础上又增加了 1 周的假期。休假并不是什么让人感到内疚的事情，而且延长休息时间反而会得到人们的支持。

瑞士人很重视午餐时间，他们几乎不会在办公室吃饭，甚至认为在办公室吃饭会产生消极情绪。我在一家瑞士公司工作时，大家都知道不要在中午到下午 2 点之间给瑞士同事打电话，因为他们那时正在餐厅用餐，即便打电话也只能收到语音留言提示。

根据经济合作与发展组织的统计，瑞士人的人均年收入比美国人高约 40%，但年平均工作时间比美国人少 219 个小时。瑞士的产假天数比美国和英国的产假天数多；瑞士的女性可以享受 14 周产假，工资为全薪的 80%，并且她们返回工作岗位后，可以灵活选择工作时间。例如，一名女性可能重返工作岗位后选择的工作时间是之前的一半，并且她可以选择每周工作 5 个半天或 2 天半。在瑞士，兼职工人也得到了更多尊重，瑞士会根据工作时长，按照全职工人工资的一定比例为兼职工人发放薪水。而且无论是兼职还是全职，如果你失业了，瑞士政府会发放给你 70%—80% 的原工资作为补助，最长可达 18 个月，直到你找到新工作。

# 英国会迎头赶上吗？

在英国进行这些改变涉及修改立法，需要大量时间，同时在某些情况下，可能根本无法实现。英国政府和企业而不是各级组织在很大程度上决定着我们的工作条件。然而，一些公司开始承认并解决心理健康和职场倦怠问题。

在四大会计师事务所中，至少有一家高级合伙人提名自己为"心理健康冠军"。他们认为自己受过培训，能够帮助那些面临心理健康挑战的人，同时，还宣传了这样一种理念：提倡员工把自己正在经历的压力、焦虑、抑郁或工作压力表达出来。这一举措的主要目标是让人们在职业倦怠和心理健康问题出现之前及时预防，而且它要求双方签署严格的保密协议（甚至于高级合伙人的行政助理也要签署），由此鼓励员工使用这种资源。心理健康的慈善机构和活动人士对这一计划表示欢迎，与此同时，人们普遍希望通过为管理者提供表达自己感受的渠道，转变人们对出现心理健康问题感到耻辱的想法。

## 公司改变"游戏规则"，开始重视员工健康

越来越多的公司意识到员工健康在公司文化中的重要性，而且可以说，这些公司就是行业的规则改变者。这些公司已经意识到不

良文化的代价，这种文化使员工不愿在那里工作，或即便在工作，也没有激情、效率低下。事实上，员工健康不仅对员工敬业度、员工保有率和招贤纳士方面有积极影响，还会直接影响公司的前途。

根据英国特许人事发展协会的数据，每年平均每名员工因缺勤损失 6.6 天工作时间。缺勤可能是一名员工打电话说自己生病了或因为其他原因没来上班。此外，86% 的受访机构表示，他们注意到员工中存在全勤主义现象。"全勤主义"指的是员工虽在上班，但工作效率不高。我相信我们都能回忆起这样一个同事：他花很多时间浏览网站，或者在厨房里八卦，而不是工作——这就是假性出勤。全勤主义还意味着即使生病也要上班，也许是因为你的公司文化就是鼓励出勤，或者是因为你不想承认自己压力大，也不想表现出身体不适。据估计，每名员工每年因全勤主义现象损失 27 天有效工作时间。

可能有的公司注意到了休假主义的现象。"休假主义"是指员工在本应休假的情况下仍在工作。举个例子你就明白了。这是个真实发生在我身边的事：大约 10 年前，我在地中海一日游时，躺在一艘游艇前部的日光浴躺椅上。我旁边的一位女士拿起手机，打电话到办公室，安排明年的销售会议！我不仅听到了她打电话的所有细节，而且对她把工作带在身边并强加给周围的人感到非常恼火。她打完电话后，我问她是否介意在其他地方打电话，因为我真的想远离工作。她对此深表歉意。其实除了让我感到不适，她最应该做的是享受假期，远离工作。如果她休假时就这样打发时间，那我很想知道她有多少时间在放松和充电，而且这应该也是她和她的老板都关心的问题。所以，休假主义是我们需要解决的一类文化问题。

缺勤、全勤主义和休假主义给英国经济造成的总损失为 770 亿英镑（这是来自英国特许人事发展协会的数据）。这个数字大致相当于英国国家医疗服务体系的年度预算，数额巨大。

## 活力满满的企业文化与蒸蒸日上的业绩

所有公司都有自己的文化，无论优劣，但这些文化有利于健康吗？许多公司正在意识到健康的重要性和健康带来的好处，因此倡导重视健康。接下来，我将简短地谈论我认为在这方面做得很好的 4 家公司，但在这之前我要说明重视员工健康带来的好处。

### 员工保有率上升

牛津经济研究院的一份报告显示，在英国，更换一名员工的成本为 30614 英镑。造成这一高昂成本的两个主要因素是产出损失（不过其他员工在加快工作速度）以及招聘和培训新员工的后勤成本。因此，你需要较高的员工保有率来避免这些花销。良好的企业文化能够大大提高员工保有率，鞋类电商网站美捷步和其他公司的案例可以证明这一点。

### 员工参与感提高

我们已经看到，全勤主义、缺勤和休假主义代价高昂，因此必须提高员工参与感。参与度高就会提升员工的保有率与生产力，并减少缺勤，从而打造出色的公司文化并培养快乐的员工队伍，员工会大声告诉你在这个公司工作有多棒，这比在办公室吃果盘要强得多。这其实是另一本书或博客帖子的话题，事实上，额外津贴与创造有意义的公司文化带来的效果截然不同。

### 吸引人才

拥有优秀文化的公司会将员工健康视为一种竞争优势，这种优势在争夺人才时尤其重要。所有的员工，特别是千禧一代，都在重新评估他们期望在工作中取得的收获。高级办公室、豪华汽车和奖金机制将不再是主要诱惑因素，一家公司最能吸引人才的是充满快乐、专注力、活力、勤奋和寻求成功的企业文化，而这一切都建立在健康的基础上。

### 赢得荣誉

我们将在后文的案例中得知，获奖是吸引人才和宣传企业文化的有效方式，还能增加信誉，提高员工保有率和敬业度，吸引人才的加入。

## 案例研究

### AAB 会计师事务所

AAB 是一家特许会计师事务所，总部位于苏格兰阿伯丁，在爱丁堡和伦敦设有分部。多年来，AAB 培养了一种以幸福和快乐为中心的成长文化和经营文化。它在扩大规模和拓展业务上雄心勃勃，并且它的管理团队知道，为了实现这些目标，需要在吸引人才的同时留住团队中有价值的成员。以下是 AAB 的做法：

1. 公司允许员工灵活安排工作日，可以在家或其他地方工作。

2. 1 月份，公司举办健康月活动，员工能够有机会报名参加团队挑战。

3. 员工可以参加每年在巴尔莫勒尔举行的 10 公里跑。

4. 公司位于商业园区内，周围自然环境好，而且公司建筑配有大型玻璃窗，能够增加接触自然光的时间。

5. 所有员工每周都会收到以"如何……"为主题的电子邮件（由我的公司 Bodyshot 制作），例如，"如何延长睡眠时间"以及"如何在工作时保持活跃"。

6. 员工每月都会收到一封内部时事通信电子邮件，其中包含提示、见解等实用性内容。

7.鼓励员工在办公室多活动身体，例如从会议室搬椅子。

8.人力资源团队为管理者举办研讨班，让他们能够识别团队成员和自己的压力或倦怠迹象，重视健康。

9.只要是 AAB 的员工，就可以免费访问健康相关的在线平台寻求建议，例如寻求睡眠、心理健康和健身方面的建议。

结果如何？在撰写本文时，AAB 已连续 11 年入选 "《泰晤士报》(*The Times*) 年度最佳雇主百强" 名单，所以它的员工保有率很高，而且还在迅速增长。

## 美捷步

美捷步是一家美国在线鞋类零售商，现已被亚马逊收购。该公司的掌门人是谢家华 (Tony Hsieh)，他是一位美国互联网企业家和风险投资家。在创立美捷步之前，谢家华与人共同创办了网络广告公司 LinkExchange，这家公司于 1998 年以 2.65 亿美元的价格被微软收购。谢家华有一套自己的哲学观，蕴含着丰富的文化内涵。他还因此写了一本书——《三双鞋》(*Delivering Happiness*)。尽管美捷步在很大程度上就是个 "呼叫中心"，但人们还是挤破头想在这里工作。原因如下：

1.员工的价值观须与公司一致，才能确保找到合适的员工：每名员工在严格的入职培训期中会体验业务的各个领域；到培训结束时，公司会为想要离开的员工发放 3000 美元补偿金，所以这一方式就确保留下的员工能很好地契合美捷步的公司文化。

2. 美捷步有本文化手册，里面详细描述了在那里工作的感受，还赞美了公司文化和兢兢业业的员工。

3. 公司团队会组织冒险活动，比如高空滑索，用来庆祝成功并使公司员工建立新的联系。

4. 为员工提供免费餐食和体重管理课程，鼓励他们饮食健康。

5. 鼓励员工在工作中充分发挥个性。

6. 为需要"充电"的员工提供午睡室。

7. 谢家华和他的管理团队重视员工的需求，所以他们甚至为员工的宠物购买保险！

结果不言自明：美捷步的员工保有率高达 87%。

### 福斯特通信

福斯特通信由吉莉·福斯特（Jilly Forster）于 1996 年创立，是一家以价值观为导向的企业，专注传播社会的发展变迁。它从创立起就通过网站宣传其理念："鼓励人们戒烟，多锻炼身体，改变人们对心理健康的态度，让成千上万人以骑行的方式外出；帮助那些不起眼却合乎道德的经营理念获得大众青睐；开展一些运动，使社会变得更好。"

截至 2017 年，它已经连续两年获得英国最健康工作场所奖。

原因如下：

1. 他们的福斯特健康计划（Forster Well）包括一张健康卡，用来奖励员工饮食健康、锻炼、社交，鼓励员工为社区做贡献从而提升企业文化形象。

2. 员工骑车上班可兑换踏板积分。

3. 员工可以灵活安排工作时间和地点。

4. 为员工提供免费的健康早餐。

5. 员工每年至少有一天参加志愿活动，并获得相应报酬。

6. 以开放性的眼光看待心理健康。

7. 福斯特公司拥有强大的价值观。

8. 公司由员工所有和经营。

我之前提到过，英国每年平均每位员工的缺勤天数是 6.6 天，但福斯特公司已经将这一数字降到了 2.7 天，并且全体员工都投票表示，他们为在福斯特工作而感到自豪。

## The Physio Co 公司

The Physio Co（TPC）公司由理疗师特里斯坦·怀特（Tristan White）于 2004 年在澳大利亚创立。他的愿望是帮助提高老年人的灵活性并改善他们的生活质量。怀特文化方面的工作和他的公司一样出名。他出版了一本名为《文化就是一切》（*Culture is Everything*）的书；他会定期与世界各地的观众谈论创造令人惊叹不已的公司文化。以下是 TPC 的做法：

1. 与美捷步一样，TPC 也有一本文化手册（你可以从 TPC 网站下载），手册中的详细内容能让你体会 TPC 的工作氛围。

2. 有一幅关于未来愿景的图画，放在 TPC 的办公室里，描述了 TPC 的目标。

3. 公司的办公室以与其业务相关的重要人士命名，为的是纪念他们之间的合作。

4.TPC 有一套清晰的价值观，而且公司员工都能背诵。

5.TPC 每年至少举办一次大型聚会来庆祝成功。

6. 特里斯坦亲自为员工分发手写生日卡片和周年纪念日卡片。

7. 团队每天聚在一起关注工作目标，为需要的人提供帮助。

8. 会议准时开始（5 点整），并且有意缩短时间（有时只有 10 分钟），以求保持员工的精力。

9.TPC 的员工保有率很高，而且特里斯坦已经将其员工队伍扩大到 100 多人，负责照顾澳大利亚全国各地的数百名老年人。


创造一种注重员工健康的公司文化是可行的，我还能举出更多相关的例子。实现和保持健康的关键点是明确我们在工作中应做和不应做的事情。归根结底，我们必须对自己负责，不过这也有好处，能够确保我们处于与自己价值观一致的工作环境，享受工作带来的相关福利且以获奖为荣；最重要的是，公司正在建立一种充满能量和活力而又注重业绩的企业文化，但是其中健康居首位。

虽然我们要继续迎接企业文化和工作带来的挑战，但也需要尽可能多地对健康负责，所以必须把保护身体健康作为首要任务。

为了实现健康的目标并平衡工作与生活，我列出了一些建议，希望它们能帮助你在生活的某些方面做出积极改变。

保证高质量睡眠。关注睡眠，想想保证高质量睡眠的方法。可以计划好放下手机的时间，开始放松自己；如果打算晚上 10 点前上床睡觉，那就在 9 点前把手机调成静音或关机，并把它放在另一个房间或远离床边。可以做一些温和的瑜伽伸展运动，进行短暂的冥想，或者只是静坐一会儿，花点时间整理自己的思绪，还可以进行睡前阅读（最好是传统的平装书或精装书，而不是 Kindle）。

确保自己水分充足。这很容易实现，因为我们每 30—60 分钟就需要饮用少量水，而且这取决于我们正在做的事。如果在办公室，办公桌上放一个装满水的玻璃杯是可以的，但不要在办公桌旁放一个大号玻璃杯或瓶子，因为水喝完之后去接水是一个很好的运动机会，我们需要走一小段路到饮水机那里重新装满杯子，这就可以确保我们每小时起身并进行少量锻炼。我们的大脑会为此感谢我们，而且我们也会比之前更活跃。

控制咖啡和酒精的摄入。这两种都是典型的干扰物质，摄入太多都会让我们失去平衡。如果我们喝含咖啡因的饮料，我建议每天最多喝一到两杯，而且尽量避免在午餐后喝。同样，酒精会扰乱身体从消化到睡眠的所有过程，因为它是一种抑制剂，会减缓大脑进程和削弱中枢神经系统的功能。如果想拥有平衡的生活方式，那么注意控制饮酒量必不可少。

检查体内维生素 $D_3$ 的水平。我们可能不了解，其实很多人都缺乏维生素 $D_3$。维生素 $D_3$ 缺乏的常见症状包括骨痛、肌无力、高血压和抑郁，还与痴呆症有关。维生素 $D_3$ 实际上不是一种维生素，而是一种类固醇激素，我们主要通过晒太阳而不是饮食来获取它。2014 年，英国国立临床规范研究所预计，大约 1/5 的成年人和大约 1/6 的儿童可能存在缺乏维生素 $D_3$ 的问题——这在英国大约有 1000 万人。我们可以在网上找一家直接面向消费者的血液检测公司，也可以在亚马逊上购买检测服务，或者让我们的全科医生为我们安排血液检测，来检测体内的维生素 $D_3$ 水平。

少食多餐。我看到客户通过多次进食来改善心理健康，改变身体成分。少食多餐，如果吃的是有利于健康的食物，就能对我们的健康产生积极影响。我之前提到，大脑对葡萄糖的需求非常高，如果我们想清楚地思考，就需要确保大脑获得充足的能量。另外，确保微量营养素（维生素和矿物质）的平衡对保持健康的最佳状态也至关重要，其中，对于心理健康来说，硒、B 族维生素、维生素 $D_3$、色氨酸、镁、钙、脂肪酸 ω-3 和 ω-6 都很重要。关键是身体所需的所有维生素和矿物质缺一不可，因此均衡的饮食至关重要。

练习冥想，这可能会改变游戏规则。我认识和接触过练习冥想的人中，几乎没有人无法平衡工作与生活。冥想虽不会消除我们面对的问题、压力或生活难题，但它为我们提供了一个很好的工具来帮我们处理这些事情，并且让我们可以随时随地自行解决问题。新闻集团董事长鲁伯特·默多克、《赫芬顿邮报》共同创始人阿里安娜·赫芬顿、Salesforce公司首席执行官马克·贝尼奥夫、哈普娱乐集团董事长兼首席执行官奥普拉·温弗瑞、美国音乐制片人拉塞尔·西蒙斯（Russell Simmons）和思科公司首席技术官伍丝丽都在练习冥想，他们还将自己商业成功的很大一部分原因归功于长期的冥想练习。

定期锻炼。找到自己喜欢做的运动项目，如果不确定该做什么，请寻求专业运动人士的帮助。我希望这本书能够让大家感受到锻炼是个非常强大的工具，可以帮助大家管理压力、焦虑和抑郁，在更大程度上确保大家的身心健康。所以再怎么强调运动的重要性也不为过，因为我们的身体本来就有这个功能。我们现在的生活环境（尤其是我们的工作环境），已经"设置"成确保我们尽可能少动。事实上，现在有一个专业术语：致胖。这个术语描述的是一种促使体重增加和不利于减肥的环境。我们通过运动才能保持健康，所以多运动是我们的首要任务。

和正能量的人在一起。我无法忍受和消极的人在一起，我听说他们被形容为"情绪吸血鬼"或"能量吸血鬼"，这两种表达都非常贴切。我们都有情绪低落的时候，所以我从来没有建议抛弃那些正处于困境、需要我们支持的朋友和同事。我们可能都能想到一两个人，想尽量避免和他们在一起，因为他们总是抱怨，态度消极或用一种评判的方式谈论别人，这些都会耗尽我们的精力。多与积极的人在一起，他们把自己的健康快乐放在首位，享受着积极带来的好处，并且也会感染我们。大家会彼此鼓励，各自成为最好的自己。

消除"猴子脑"的干扰。猴子思维是佛教的表达方式，指的是我们脑海中过多的思虑和杂念。据估计，大脑每天产生的想法多达 10 万个，这似乎十分惊人；与此同时，我们还受到广告、移动设备、电子邮件等信息轰炸。如果我们想从重要的东西中过滤掉垃圾，就要尽量减少"猴子脑"的活动，精简输入自己大脑的信息量（我认为有些是潜意识的），控制自己接触的内容及其数量更加有利于我们清晰且有目的地思考。其实我们可以仔细想想，自己真正需要了解的"紧急"新闻很少，在某种程度上，那些新闻大多是宣传，或者是于我们而言无关紧要的东西，还有些娱乐八卦：谁穿什么，谁和谁分手了。试着几个星期不关注它们，看看自己是否感到失落——我想你不会。

确保我们做的一切都是自我的真实反映，这是最重要的。如果我们能做到这一条，那我们就会发现其他事情都简单得多。我为这本书采访过的每一个人，无论是朋友、同事，还是一起工作过的客户，他们的健康水平参差不齐，因为在生活的某些方面，他们都没能面对真实的自己。可以回想一下薇姬·比钦的例子，她发现自己不得不面对一种非常严重的自身免疫疾病，因为她抑制了真实的自己。我在本书中还提到了其他高管由于无法实现自己的价值观、原则或信仰最终突然离职的例子。扪心自问，要确保我们所做的事情和支持的事情都是自己生活中所做选择的映射，包括我们的工作、伴侣、住处、代表的俱乐部和协会。努力并鼓起勇气做出改变，做真实的自己，这才是健康和幸福的关键。如果你想要寻找真实的自己，你会发现它其实就在你的内心之中。

# 附录 1　我相信……

　　我相信，当饮食、锻炼与强烈的改变欲望结合在一起时，就有可能从根本上改善生活。

　　我相信，只要有强烈的愿望和信念，任何人都可以改变自己的生活。

　　我相信，当优秀的教练与渴望改变的客户合作时，会发生不可思议的事情。

　　我相信，运动是改变思维的特效药。

　　我相信，运动和赋权的有力结合能够深刻改变生活。

　　我相信，在决心和愿望的交会处有一股惊人的力量。

　　我相信，每个人都能够改变方向。一切皆有可能。

　　我相信太多的人饱受自卑之苦。其实这是种讽刺，它会削弱个人发展力和幸福感。

　　我相信人体的神奇之处在于如果你对它好，它也会回报你。

　　我相信两个人的力量，他们专注于一个共同目标，并坚定不移地实现它。

　　我相信与我们合作的每位客户都能感受到同理心、平等对待和无条件关心问候。

我相信，我们为客户所做的一切都能代表我们的核心价值观：诚信、忠诚、专注和成功。

我相信自己所做的一切。这很管用。

# 附录2 我(做)……／因为……所以……

我乐于助人。

我相信运动对身心健康有深远影响。

我相信良好的体能和健康的饮食是幸福和自尊的有力支撑。

因为压力、焦虑和抑郁等威胁生命和健康的疾病给患者、他们的朋友和家人以及整个社会的经济带来了巨大损失，却依旧没有引起充分重视，所以帮助人们应对这些疾病对于我来说非常重要。

我想从事自己热爱并值得自己全心全意付出的事业。

我喜欢鼓励男性和女性（尤其是女性）为自己的外表感到自豪，并对锻炼充满信心。

我喜欢看到我的客户信心增强，视野开阔，抓住新的机会，实现他们的目标。

因为身体需要运动，所以我花时间向客户展示如何安全又愉快地运动，帮助他们延长寿命。

因为积极的心理健康至关重要，而锻炼和饮食是健康的基石，所以我努力帮助客户认识到这一点，并试着让他们在日常生活中关注饮食与锻炼。

看到客户因为我们的项目而蜕变并敞开心扉，这种感觉非常美妙。

我经营这个公司能够保持活力，还能谈论自己感兴趣的话题。

# 致　谢

　　计划、写作和出版一本书的过程与感觉难以言说，所以一路走来，我十分感谢那些曾帮助过我的人。

　　感谢丹尼尔·普里斯特利（Daniel Priestley）、露西·麦卡拉赫（Lucy McCarraher）和乔·格雷戈里（Joe Gregory），他们帮助并鼓励我现在而不是明年或者我有更多时间的时候再去写这本书。丹尼尔·普里斯特利的著作《创业者革命：小企业也能全球化》（*Entrepreneur Revolution*）激励我报名参加关键绩效指标课程。可以说，如果没有丹尼尔，就没有这本书，所以感谢丹尼尔。还要感谢露西·麦卡拉赫和乔·格雷戈里，他们建言献策，让本书得以顺利出版。

　　特别感谢投稿人萨拉、克尔·泰勒和瑞秋，他们慷慨地分享个人故事，丰富了本书的内容。

　　非常感谢我的妈妈卡罗琳·沃尔沙姆（Caroline Walsham），感谢她一丝不苟地校对本书；还要感谢我的伴侣安东尼娅（Antonia），无论她是否介意我把大量时间用于研究和写作，她都十分体贴，顾全大局。

　　最后，衷心地感谢各位读者。我真诚地希望本书对你有帮助，即便帮助可能微不足道，我也会感到很开心。

　　再次感谢大家！